Bibliografische Information der Deutschen Nationalbibliothek:

Die Deutsche Bibliothek verzeichnet diese Publikation in der Deutschen Nationalbibliografie; detaillierte bibliografische Daten sind im Internet über http://dnb.d-nb.de/ abrufbar.

Impressum:

Druck und Bindung: Books on Demand GmbH, Norderstedt Germany
ISBN: 9783668497238

Dieses Buch bei GRIN:

http://www.grin.com/de/e-book/368965/klimawandel-und-gesellschaft-zwischen-wissenschaftlicher-hypothese-und

Erik Schittko, Maximilian Kiczinski

Klimawandel und Gesellschaft. Zwischen wissenschaftlicher Hypothese und sozialer Katastrophenkonstruktion im 21. Jahrhundert

GRIN Verlag

Friedrich - Schiller - Universität Jena
Institut für Geographie

WiSe 2016/17

GEO 427 - Humangeographie II

Klimawandel & Gesellschaft

Zwischen wissenschaftlicher Hypothese und sozialer Katastrophenkonstruktion im 21. Jahrhundert

vorgelegt von:

Erik Schittko
Studiengang: Lehramt Gym. JM
Fächer: Geographie/Sport/Philosophie
Semester:7/7/1

Maximilian Kiczinski
Studiengang: Lehramt Gym. JM
Fächer: Sport/Geographie
Semester:7/7

Abgabe: 27.03.2017

Inhaltsverzeichnis

Abbildungsverzeichnis

1 Einleitung

"When the search for truth is confused with political advocacy, the pursuit of knowledge is reduced to the quest for power."

Alston CHASE (1986)

Das 21. Jahrhundert spiegelt die Welt des Informationszeitalters wider. Die wissenschaftliche Forschung blickt auf beachtenswerte Fortschritte in den Bereichen der Medizin, Astrophysik und des Ingenieurwesen zurück. Die Gattung des Homo Sapiens ist in der Lage, zentrale naturwissenschaftliche Grundlagen der Erde und des Sonnensystems zu erfassen, sowie Einblick in die subtilen Bereiche der Mikrobiologie und Quantenmechanik zu gewinnen. Diese Entwicklung vollzog sich unter dem Gesichtspunkt der vielfältigen Spezialisierung und Expertise auf allen denkbaren wissenschaftlichen Feldern. Aber auch im alltäglichen Leben leiten wir unsere Handlungsorientierung von Expertenmeinungen ab und bilden über einen gewissen Zeitraum eine verfestigte Weltanschauung aus. So orientieren wir uns beispielsweise bei einem bevorstehenden Urlaub nahezu instinktiv prophylaktisch an den Wettervorhersagen der Meteorologie und bezüglich unserer Geldanlageoptionen an den Empfehlungen diversen Finanzexperten. Doch gerade innerhalb des Finanzsystems findet sich ein eindrucksvolles Beispiel dafür, dass die scheinbar monolithische Expertise durchaus zerfallen kann, was sich in der Finanzkrise der Jahre 2007 und 2008 mit dem Zusammenbruch der großen Spekutlationsblase des US - Immobilienmarktes äußerte. Während allgemein anerkannte Finanzkoryphäen, wie der ehemalige Vorsitzender der US - Notenbank Alan Greenspan, den Anlegern einen stabilen Immobilienmarkt versicherte, prognostizierte der Privatfondsmanager Dr. Michael Burry einen drohenden Crash. Durch den Zerfall konnte er aufgrund einer Gegenposition zur damaligen Investorenmehrheit, mit einem privaten Gewinn von über hundert Millionen Dollar, an der Systemkrise profitieren (LEWIS 2010:262f.). Das Handeln Burry's resultierte in diesem Fall nicht aus einer Orientierung an der vorherrschenden Lehrmeinung und im Einklang mit einer herdentriebsähnlichen pluralistischen Ignoranz bezüglich der zugrundeliegenden thematischen Substanz, sondern basierte vielmehr auf eigenständigem Denken, dem Erkennen des Sachverhaltes und dem kritischem Hinterfragen des Gegebenen.

Im Bereich der Naturwissenschaften ist Gegenteiliges der Fall. Seit Jahrzenten wird der menschengemachte Klimawandel als vorherrschende Lehrmeinung an Universitäten und Schulen propagiert und im Gleichklang mit drohenden katastrophalen Folgeerscheinungen für Menschen und Ökosysteme dargestellt.

Die Mehrheit der Bevölkerung fühlt sich durch täglich neue Medienberichte zutiefst betroffen und verängstigt. Die Thematik fließt in die höchsten Ebenen politischer Entscheidungsfindung ein und kommt beispielsweise in der mittlerweile 22. UN - Klimakonferenz in Marrakesch, sowie dem „Energieziel 2050" der Bundesrepublik Deutschland zum Tragen. Das Thema „Klima" ist in aller Munde und „*global warming*" wird von vielen Seiten als die prioritäre Problematik des 21. Jahrhundert bezeichnet. Eine herausragende Aufgabe also, an der ganze Generationen der westlichen Industriegesellschaften arbeiten müssen, um der Nachwelt eine lebenswerte Zukunft zu hinterlassen. Das Konzept der Rettung, in welchem Leitbegriffe wie die „Große Transformation", „Nullemissionsgesellschaft", sowie „globale Weltordnung" verankert sind, skizziert politische Intentionen. Die Sorge um die Erderwärmung und deren Auswirkungen für unseren Planeten ist demnach weit fortgeschritten. Zunehmend lauter werdende kritische Stimmen, die der Grundlagenforschung und dem proklamierten Klimakatastrophismus eine skeptische Gegenbetrachtung aufzeigen, wurden im Verlauf der Klimadebatte weitestgehend überhört. Zudem räumt die ökologische Bewegung, welche sich seit ihrer Initiation eine notwenige Rolle innerhalb der Gesellschaft fundamentieren konnte, dem Klimawandel eine omnipräsente Stellung im Umweltschutz ein.

Die vorliegende Hausarbeit betrachtet die Ganzheitlichkeit der globalen Erwärmung und versucht die Frage zu klären, ob die Weltgemeinschaft im 21. Jahrhundert tatsächlich vor einer zuhauf verkündeten „Klimakatastrophe" steht, oder diese vielmehr ein gesellschaftliches Gesamtkonstrukt ist, welches aus dem Zusammenspiel der Borniertheit wissenschaftlicher Expertise, medialer Hysterie und globalpolitischer Doktrin resultiert und folglich treffender als übersteigerte Ausprägung eines fortschreitenden Anthropozentrismus betrachtet werden sollte.

2 Zusammenfassung

Inhaltlich befasst sich die vorliegende Hausarbeit mit dem Klimawandel als soziales Konstrukt und dessen zu Grunde liegenden Entstehungsbedingungen. Daher wird die Thematik unter der Berücksichtigung des transdisziplinären Charakters der Geographie erarbeitet und ermöglicht folglich eine dualistische Beleuchtung. Die Unterteilung erfolgt hierbei grob in zwei Blöcke. Es bedarf in Anbetracht einer kontrovers erforschten, fachübergreifenden und weitreichenden Thematik wie dem Klimawandel zunächst einer soliden naturwissenschaftlichen Grundlagensicherung. Deshalb stellt der erste Abschnitt die Frage nach den physikalischen Ursachen der globalen Erwärmung und dessen Auswirkungen auf gesellschaftliche Systeme und der damit verbundene geographische Risikoverteilung. Im zweiten Abschnitt werden die sozialen Konstruktionsmechanismen des Klimawandels untersucht. Hierbei wird vor allem die Rolle medialer Katastropheninszenierung und Krisenkommunikation fokussiert, um daraus abgeleitet die Tragweite politischer Entscheidung und deren Legitimität in einer stimulierten Krisengesellschaft an konkreten Schwerpunkten aufzuzeigen.

In der Metaebene erfolgt der Versuch einer Einordnung der vielschichtigen wissenschaftlichen Ansätze zum Klimawandel in ein historisch geprägtes heuristisches Denkkollektiv. Dem Aufzeigen einer paradigmatischen Wissenschaftskultur und deren immanente Wandelbarkeit.

Die begründete Positionierung der Autoren in Form einer Schlussbemerkung, sowie ein darauffolgendes Fazit, bilden den Abschluss dieser Arbeit.

3 Die Hypothese des anthropogenen Klimawandels

Der Begriff Klima [altgriech. „Neigung"] bezeichnet laut LUDWIG (2006:10f.), gegensätzlich zum täglichen Wettergeschehen, den charakteristischen Ablauf des Wetters an einem Ort, innerhalb eines geographischen Raumes und über einen längeren Zeitraum von durchschnittlich 30 Jahren. Darüber hinaus sei Klima keineswegs allein durch die durchschnittlich gemittelte Witterung eines Gebietes gekennzeichnet, sondern umfasse auch die Häufigkeit von Extremen und ihrer Veränderlichkeit. Somit werden auch kleinere bis größere Schwankungen im Verlauf von Jahrzehnten bis Jahrtausenden in der Klimaforschung berücksichtigt. Die Besonderheit am Klima auf welche SCHÖNWIESE (2008:280-281) verweist, ist der Aspekt der zeitlichen Variabilität des Klimasystems, was hohe Schwankungen der globalen Mitteltemperatur ermöglicht. Die damit einhergehende Klimavariation beinhaltet die Strukturanteile des Klimatrends (positiven oder negativen Veränderung, welche linear oder nicht linear erfolgt), des Klimasprunges (abrupte Klimaänderung), der Klimaschwankung (Auftreten mehrerer relativer Maxima und Minima) und der Klimawende (Trendumkehr). Die im 20. Jahrhundert vorherrschende Konzeption, eines zumindest in historischer Zeit konstanten Klimas, weicht laut STEHR/VON STORCH (2010:13) der Auffassung, dass Klima in Bezug auf alle denkbaren Zeitgrößen einen variablen Charakter besitzt und somit die Wandelbarkeit des Klimas bereits in der Begrifflichkeit verankert ist.

3.2 Die Ursachen der globalen Erwärmung

Der anthropogene Klimawandel stellt gemäß LÜDECKE (2016:7) die wissenschaftliche Hypothese dar, dass die gesteigerte Kohlendioxidemissionen seit dem Beginn der Industrialisierung um 1850 von 0,028 Prozent auf 0,038 Prozent, aufgrund eines künstlichen Treibhauseffektes im Zusammenspiel mit weiteren emittierten Treibhausgasen wie Methan, zu einer globalen Erwärmung durch den Anstieg der globalen Durchschnittstemperatur der Erdatmosphäre führt. Dieser Erwärmungseffekt wird auch als „*Anthropogenic Global Warming*" (AGW) bezeichnet. Die AGW - Klimaszenarien leiten sich aus der Klimasensitivität des Kohlendioxids ab (LÜDECKE 2016:8). Diese Sensitivität ist allerdings noch nicht genügend verifiziert, aufgrund fehlender Einigkeit in den dazu herangezogenen wissenschaftlichen Fachpublikationen, welche der IPCC (Interngovernmental Panel on Climate Change) zusammengetragen hat (IPCC 2014:16).

Die globale Durchschnittstemperatur der Erde beträgt 288 K (+15 °C), welche sich durch den natürlichen Treibhauseffekt ergibt, da aus diesem eine Erwärmung der Erdatmosphäre von 255

K (-18 °C) möglich ist (HUCH et al. 2001:1). Nach SCHELLNHUBER/RAHMSTORF (2007:55) erfolgte im letzten Jahrhundert ein Anstieg der durchschnittlichen globalen Temperatur um 0,6 °C. Dies ist in der folgenden Abbildung ersichtlich.

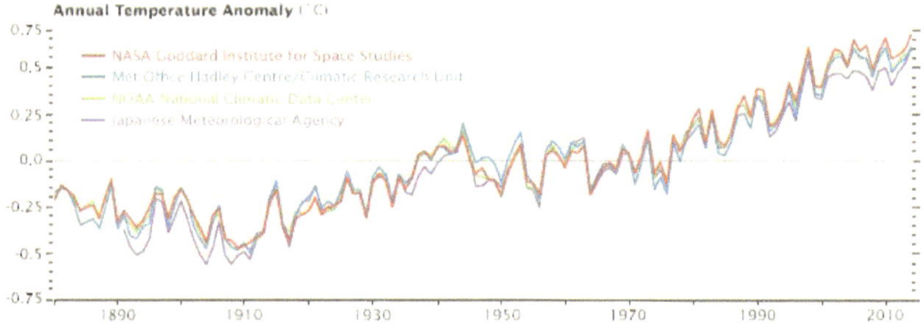

Abb. 1: Verlauf der durchschnittlichen globalen Temperaturanomalie von 1880 bis 2014.
[<http://earthobservatory.nasa.gov/Features/WorldOfChange/decadaltemp.php> (Zugriff:19.02.17)]

Bis zum Ende des 21. Jahrhunderts erwarten SCHELLNHUBER/RAHMSTORF (2007:55) eine positive Temperaturabweichung von insgesamt 3 °C, seit Beginn der Temperaturmessungen im Jahre 1880. Wie schwer jedoch konkrete Prognosen von Temperaturabweichungen sind, lässt sich am Beispiel von Professor James E. Hansen aufzeigen, der als einer der ersten Klimawissenschaftler vor den Gefahren der globalen Erderwärmung warnte und damit auch den ehemaligen Vorsitzenden des Senatsausschusses Al Gore überzeugen konnte, der den heißen Sommer 1988 als die „Kristallnacht des Erwärmungsholocausts", bezeichnete (CALDER 1997:29). Professor Hansen prognostizierte zu diesem Zeitpunkt eine unaufhaltsame globale Erwärmung um 0,35 °C Temperaturabweichung für einen Zeitraum von 10 Jahren. Eingetreten ist allerdings nur ein Temperaturanstieg von 0,11 °C (CRICHTON 2008:245), welchen man vorheriger Abbildung entnehmen kann. Dies kommt einer Fehlerquote von 300 Prozent gleich und deutet darauf hin, dass man schon die computermodellierten Vorhersagen auf einen geringen Zeitraum bezogen, respektive mit einer wagen Schätzung gleichsetzen kann. Diese Fehlprognose kommentierte Professor Hansen in HANSEN et al. (1998: 12753ff.) mit dem Eingeständnis, dass nicht hinreichend genügende Kenntnisse vorhanden seien, um präzise Aussagen über einen zukünftigen Klimawandel zu treffen.

Was sich jedoch anstatt zukünftiger Temperaturvorhersagen, als bewährte Methode etablieren konnte, ist der Blick in die Klimahistorie und die damit verbundene paläoklimatologische Rekonstruktion.

Paläoklimatologie fokussiert nach LECKEBUSCH (1999:5) die Klimaentwicklung der erdgeschichtlichen Vergangenheit und erfolgt durch die Gewinnung von Proxydaten aus verschiedenen Geoarchiven, welche in Abbildung 2 dargestellt sind.

Klima-Archive	Biostratigraphie	Warvenchronologie	Dendrochronologie	Tephrochronologie	Radiometrische Daten	Sauerstoffisotopendaten (Zeitreihenanalysen)	Magnetostratigraphie	Luminizenz
marin								
Meeressedimente	x			x	x		x	
Fossilien	x				x	x		
Korallenriffe	x				x	x		
Evaporite					x	x		
terrestrisch								
Seesedimente (Warven)	x	x		x	x	x		x
(Paläo-)Böden					x	x	x	x
Flußsedimente								x
Moore			x					
Höhlensedimente, -sinter		x			x	x		
Holz (Baumringe)			x		x			
Kryosphäre								
Festlandeis (Eisbohrkerne)				x		x		
Schelfeis				(x)		x		
alpine Gletscher				x		x		

Abb. 2: Geoarchive und Methoden zur Rekonstruktion von Paläoklima (HUCH ET AL. 2001:11)

Diese Geoarchive speichern Informationen über Klimaverhältnisse und lassen Aussagen über die Temperatur - und Umweltverhältnisse der Vergangenheit zu. Die informationstragenden Proxydaten können aus Eisbohrkernen, Seesedimenten, Baumringen oder Meeressedimenten stammen. Aus vielen verschiedenen Messwerten kann ein Bild von dem Kohlenstoffdioxidanteil der Erdatmosphäre bis ins Kambrium vor über 500 Mio. Jahren gewonnen werden, welcher nach BERNER/STREIF (2000:82) belegt, dass die Kohlenstoffdioxidkonzentration der Atmosphäre über 570 Millionen Jahre hinweg die Lufttemperatur nicht maßgeblich verändern konnte. Zum Teil konnten besonders bekannte Proydaten wie die berühmte Eiskernbohrung von Vostock belegen, dass die Kausalität zwischen dem Verlauf des Kohlenstoffdioxidgehaltes und der Temperatur in einem ermittelten Zeitraum von 420.000 Jahren umgekehrt ist (PETIT et al. 1999:429ff.). Nach SCHELLNHUBER/RAHMSTORF (2007:12) liefern Proxydaten heute in ihrer Kohärenz betrachtet ein detailliertes und erstaunlich gutes Bild der Klimahistorie. Für BERNER/STREIF (2000:83) können endogene Vorgänge wie tektonische Plattenverschiebungen und gravierende Meeresspiegelschwankungen den Rückstrahlungseffekt der Erdoberfläche maßgeblich verändern und im Zusammenspiel mit dem Treibhausgas Wasserdampf den Motor für einen langskaligen Temperatur - und Klimawechsel über Jahrmillionen zufolge haben.

Des Weiteren wird in diesem Zusammenhang Wasserdampf im Vergleich zu Kohlenstoffdioxid als wesentlich effektiveres Treibhausgas erachtet.

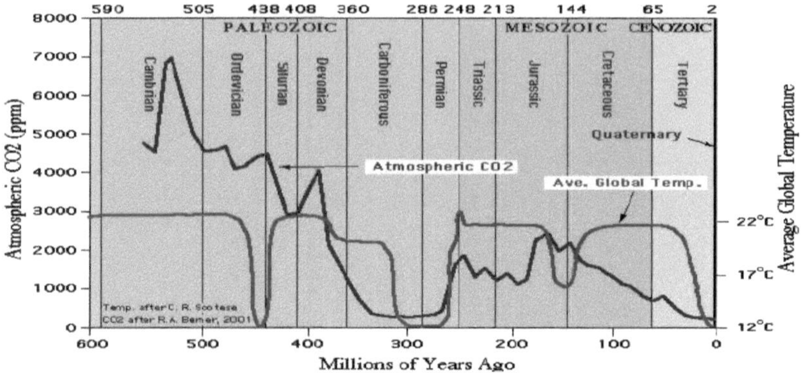

Abb. 3: CO_2 - und Temperaturverlauf der letzten 600 Mio. Jahre (BERNER 2001:182ff.)

Der Anteil des Wasserdampfes am natürlichen Treibhauseffekt in der Atmosphäre beträgt 66 Prozent und der des Kohlendioxids vergleichsweise nur etwa 30 Prozent (LATIF 2009:57). Trotz der Aufforderung zur Trennbarkeit der zwei Formen des Treibhauseffektes, ist das Wasserdampf - Feedback nach den Aussagen des IPCC (2001a:425) der wichtigste Rückkopplungseffekt und zudem die Grundlage dafür, dass anthropogene Kohlendioxidemissionen überhaupt signifikante Erwärmung verursachen könnten. Für eine langfriste Erwärmungsprognose ist dies durchaus von Bedeutung, da laut IPCC (2001a:12) ein geringerer Wasserdampffeedback der Troposphäre zu einer niedrigeren Erwärmungsprognose führt. Die logische Schussfolgerungen bezüglich des anthropogenen Klimawandels durch Kohlendioxid lässt also noch einige Unsicherheiten offen, welche treffenderweise wie folgt zusammengefasst werden:

> „Im Vergleich mit dem Gesamt-Treibhauseffekt unserer Erde machen die anthropogenen Anteile beim Kohlendioxid 1,2% und bei den Nicht-Kohlendioxid-Gasen 0,9% aus. Beide Werte liegen noch deutlich im Bereich der Unsicherheiten, die bei der heutigen Bestimmung des Gesamt-Treibhauseffekts zu veranschlagen sind.“ (BERNER/STREIF 2000:87).

Die bisherigen Ausführungen zeigen eindeutig auf, dass dem natürlichen - wie auch anthropogenen kohlendioxidbasierten Treibhauseffekt kein quantifizierbarer Hauptanteil an den Klimaänderungen, weder im erdgeschichtlichen -, noch im anthropogenen Zeitalter nachgewiesen werden kann und darüber hinaus zunehmende Widersprüchlichkeiten diesbezüglich aufkeimen. Dies wird in der näheren Betrachtung konkreter Zeitabschnitte, wie in Abbildung 4, ersichtlich.

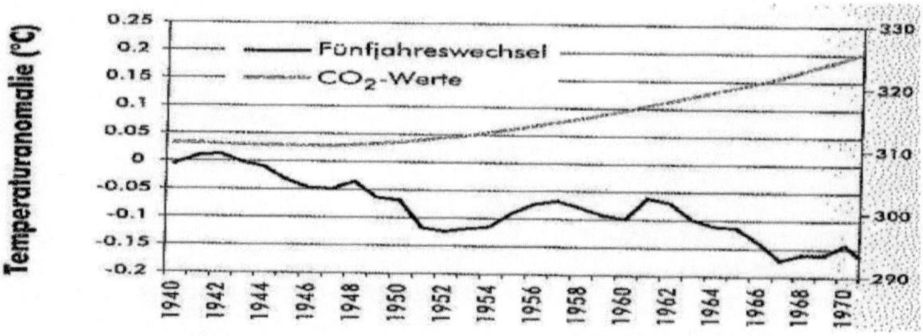

Abb. 4: Negativtrend der globalen Durchschnittstemperatur zwischen 1940 - 1970 im Bezug zum Kohlendioxidanstieg [<https://data.giss.nasa.gov/gistemp/station_data/> (Zugriff:20.02.17) in CRICHTON (2008:94)]

Die Antwort auf die Frage, wie hoch die tatsächliche Einflussnahme anthropogener Emissionen an Treibhausgasen auf eine globale Erwärmung ist, hängt letztlich davon ab, wie man entscheidende Blindfaktoren des Aerosol – und Wasserdampfrückkopplungseffekt, sowie auch die Albedowirkung der globalen Bewölkung in die Klimamodelle mit einbezieht (LOMBORG 2002:314). Viel wahrscheinlicher ist somit, dass ein Konglomerat aus allen partiellen Ursachen für etwaige Klimatrends infrage kommt. Da das IPCC (1996:155 ff.) den Klimafaktor der Sonne nur kurz erwähnt und sich zudem ausschließlich auf den geringen direkten Antrieb bezieht, fand der indirekte Motor des Solareinflusses durch Sonnenfleckenzyklus (Intensität des solaren Magnetfeldes) und kosmischer Strahlung (SVENSMARK/FRIIS - CHRISTENSEN 1997:126), bisher nur unzureichende Berücksichtigung. Kosmische Strahlungspartikel führen in den niedrigen Atmosphärenschichten in ihrer Funktion als Kondensationskerne zur Wolkenbildung, was sich erstmals seit 2005 experimentell über eine Nebelkammer nachweisen lässt (SVENSMARK/CALDER 2008:107). In den folgenden Abbildungen wird der komplexe Svensmark - Effekt verdeutlicht.

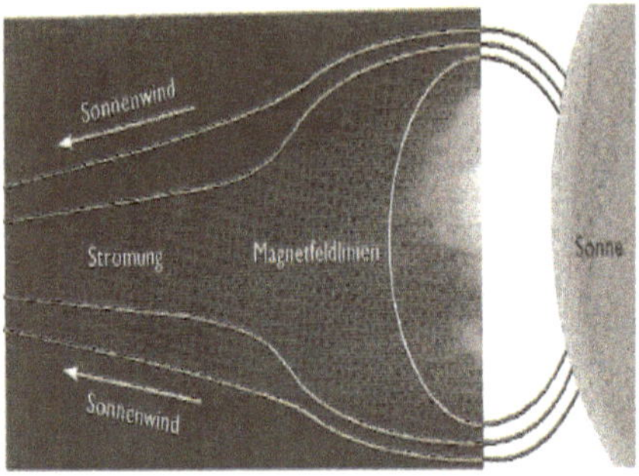

Abb. 5: Dynamik des solaren Magnetfeldes (CALDER 1997: 174)

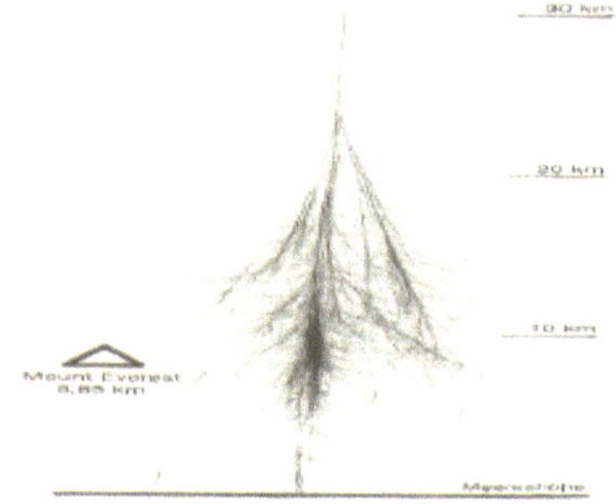

Abb. 6: Partikulare Streuung von „Cosmic Rays" in der Atmosphäre (SVENSMARK/CALDER 2008:62)

Die Anzahl dieser kosmischen Strahlungspartikel bestimmt einen hohen quantitativen Anteil der vorhandenen Wolkendecke und wird von der Stärke des Sonnenmagnetfeldes indirekt beeinflusst. Somit führt eine stärkere solar - magnetische Aktivität zu einem intensivieren Sonnenwind, welcher kosmische Strahlungspartikel vor dem Eintritt in die Erdatmosphäre ablenkt und eine geringere troposphärische Wolkendecke zur Folge hat. Eine schwächere solar - magnetische Aktivität hingegen führt diametral zu einer höheren Anzahl kosmischer Strahlungspartikeln in der Atmosphäre und demzufolge zu verstärkter Wolkenbildung (SVENSMARK/CALDER 2008:54ff.).

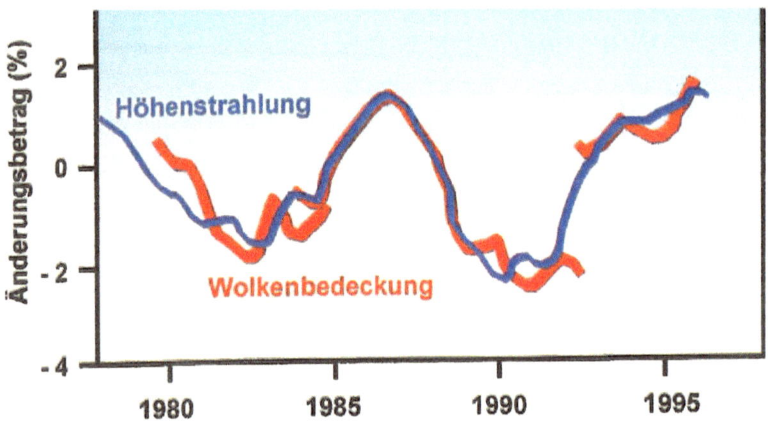

Abb. 7: Stattelitenbeobachtung - Korrelation zwischen Wolkenbildung und kosmischer Höhenstrahlung zwischen 1980 und 1995 (BERNER/STREIF 2000: 21)

Diese Theorie besitzt laut LOMBORG (2002:322) gegenüber der anthropogenen Treibhaustheorie den großen Vorteil, dass sie Temperaturveränderungen von 1860 bis 1950 erklären kann. Selbst wenn Kosmoklimatologen wie Henrik Svensmark nicht in der Lage sind langfristigen Vorhersagen zu geben, können sie jedoch ein erstaunlich besseres Verständnis über Ursache und Verlaufsmuster für regionale Klimaänderungen, wie beispielsweise die der Erwärmungsthese widersprüchliche Temperaturabnahme in der Antarktis, anbieten (SVENSMARK/CALDER 2008:237). Eine intensivere Betrachtung kosmoklimatologischer Faktoren auf lange Sicht ermöglicht eine Untermauerung oder Falsifikation der Theorie des anthropogenen Klimawandels. Doch scheint diese trotz aufgezeigter Unsicherheiten als Lehrmeinung verankert - und zudem mittlerweile auch auf einer extraterrestrischen Ebene angesiedelt zu sein. Ein Beispiel hierfür ist die Idee des Terraforming (DRAKE et al. 2015: 52f.).

Abb. 8: Terraforming der Marsatmospähre in DRAKE et al. (2015:53)

Das „*global warming*" ist bei Terraformern sogar sehr beliebt. Dabei sollen laut FILSER (2009:106f.) zahlreiche Fabriken Kohlendioxid freisetzen, um einen künstlichen Treibhauseffekt zu erzeugen, welcher die Polkappen des Mars abschmelzen lässt, um den Wasserdampfeintrag in die Atmosphäre zu realisieren. Dies wäre der erste Schritt eines tausendjährigen Verfahrens, die Marsoberfläche in eine Ökumene umzuwandeln (DRAKE et al. 2015:55). Diese Idee mögen viele Futurologen begeistert aufnehmen. Jedoch besitzt der Mars im Gegensatz zur Erde ein globales Temperaturmittel von minus 55 °C (DRAKE et al. 2015:52), wobei das bereits in der Marsatmosphäre vorhandene Kohlendioxid einen Anteil von 95 Prozent ausmacht (SCHULTZ 1993:175). Dies entspricht einer Differenz von 94,962 Prozent zum derzeitigen Kohlendioxidanteil der Erdatmosphäre. Nun lade ich Sie zu einem kleinen

Gedankenexperiment ein. Für das eingangs angesprochene angestrebte Ziel einer Polschmelze steht selbst dem ambitioniertesten Terraformer nur noch 5 Prozent Restbestandteil der Marsatmosphäre zu Verfügung, um diese mit Kohlendioxid anzureichern, damit sich die globale Durchschnittstemperatur um weit mehr als 55 °C erhöht. Interessant ist dabei, dass der Eispanzer eine Dicke von ca. 3,7 Kilometern besitzt (MERKEL 2007:o.A.) und damit nicht gerade besonders „schmelzfreudig" reagieren dürfte. Ungeachtet des geringen Magnetfeldes, durch welches der Sonnenwind episodisch Atmosphärenbestandeile ins All forträgt, dem größeren mittleren Abstand von ca. 228 Millionen Kilometer zur Sonne und der Tatsache, dass selbst in hunderten von Millionen Jahren paläoklimatologischer Historie der Erde niemals eine totale Temperaturdifferenz des globalen Mittels von über 20 °C auftrat (vgl. Abb. 3), erscheint die angestrebte marsianische Klimaerwärmung, mittels Terraforming, doch sehr utopisch. Es soll hierbei keineswegs ein Konzept in Abrede gestellt werden.

Jedoch sei vorsichtig anzumerken, dass der Mars zum Zeitpunkt einer ersten menschlichen Kolonie bereits schon signifikant „präindustrialisiert" vorgefunden werden könnte.

Nun zurück zum Klima unseres Heimatplaneten. Die Debatte um den entscheidenden Ursacheneffekt des gegenwärtigen Klimatrends lässt sich laut MAXEINER/MIERSCH (2014:84f.) wie folgt zusammenfassen.

> „Eine globale Zivilisation mit 7,2 Milliarden Menschen beeinflusst das Klima auf vielfache Art. Die natürlichen Einflüsse, die in der Vergangenheit oft abrupte Klimaumschwünge einleiteten, haben jedoch nicht einfach aufgehört zu existieren, nur weil die Dampfmaschine oder das Auto erfunden wurde. Und doch erliegen viele diesem Trugschluss: Das Klima wird in der Öffentlichkeit mittlerweile als ein System wahrgenommen, das durch die Ausschaltung anthropogener Einflüsse in einen sanften Ruhezustand versetzt werden könnte. […] Der treuste Begleiter der Klimawissenschaft ist der Konjunktiv […] Wissenschaft muss spekulieren, um dann die Hypothesen zu verifizieren oder zu falsifizieren."

3.2 Die Auswirkungen der globalen Erwärmung

Ungeachtet der noch weitestgehend ungeklärten Frage nach der Quantifizierbarkeit der aufgezeigten Ursachen für eine langfristige globale Klimaänderungen und den Temperaturanomalien der jüngeren -, sowie erdzeitlichen Vergangenheit, welche im vorherigen Abschnitt herausgestellt worden sind, besitzen laut STERR/VON STORCH (2010:50) klimatische Bedingungen für den Menschen seit jeher einen großen Bedeutungszusammenhang. Das vom IPCC (2001a:548) bekanntgegebene Temperaturspektrum einer globalen Erwärmung von 1,4 bis 4,8 °C bis zum Jahrhundertende zieht laut SCHELLNHUBER/RAHMSTORF (2000:81f.)

überwiegend negative Auswirkungen für Gesellschaft und Ökosysteme mit sich. Hierbei werden vor allem das Auftreten gehäufter Extremwetterereignisse wie Dürren und Stürme, das Schrumpfen der Polkappen, ein steigender Meeresspiegel von etwa 30 Zentimeter, sowie die vermehrte Ausbreitung von Infektionskrankheiten wie Malaria in den nördlichen Breitengraden und letztlich direkte Auswirkungen durch eine Zunahme von Hitzetoten, genannt. Jedoch treten im Bereich der Folgenforschung wieder zahlreiche konträre wissenschaftliche Positionen auf. Wir wollen hierbei auf Basis der beschrieben Ausgangslage einige Folgewirkungen näher beleuchten, um ein ausgeglichenes Gesamtbild sozio - ökologischer Risikoeinschätzungen und deren variabler geographischer Verteilungsmuster abbilden zu können.

3.2.1 Folgewirkungen und Gefahren

Hinsichtlich der Gefahren einer großflächigen Zunahme bedrohlicher Wetterphänomene rücken Begrifflichkeiten wie Hurrikans, tropische Wirbelstürme oder klimatische Mikrosysteme wie die des El Niño in den Mittelpunkt der Betrachtung. Thomas Karl von der „National Oceanic and Atmospheric Administration" (NOAA) schlussfolgerte bereits im Jahre 1997: „Es dürfte insgesamt unwahrscheinlich sein, das tropische Wirbelstürme weltweit signifikant zunehmen." (KARL et al. 1997:59). Nach CHANGNON/CHANGNON (1999:287) seien die bisher größten Verluste und Katastrophen den gesellschaftlichen Veränderungen und nicht den witterungsbedingten Entwicklungen zuzuschreiben. Der amerikanische Meteorologe Chris Landsea, welcher in einem offenen Brief den Ausstieg im Bereich aus der WG II des vierten Sachstandberichtes (AR4) des UN - Weltklimarates begründete, geht ebenfalls davon aus, dass keine Abhängigkeit zwischen steigender Globaltemperatur und zunehmender Häufigkeit von Hurrikanaktivität vorherrscht (vgl. BÖTTIGER 2008:117f.). Eine weitere verhärtete Spekulation bezieht sich auf die Verstärkung des El Niño - Effekts (LOMBORG 2002:340). Hierbei negiert die Studie von GROVE (1998:318) jedoch, dass intensivere Wirkungen des El Niño Phänomens im Zusammenhang mit der globalen Erwärmung seit dem Beginn der Temperaturaufzeichnungen ersichtlich sind.

Laut GANTEFÖR (2011:232) galt die Sahelzone noch Ende der siebziger und Anfang der achtziger Jahre als Inbegriff einer Dürreregion, in welcher zwangsläufig temporäre Migrationserscheinungen betroffener Bevölkerungsteile auftraten. Aus heutiger Sichtweise kann man solche Dynamiken nach FELGENTREFF (2016:141) durchaus als „Klimaflucht" bezeichnen. Jedoch ist der Begriff des Klimaflüchtlings mit vielfältiger Kritik überzeichnet und kontrovers betrachtet, da eine fehlende Trennschärfe der Definition diesen auf seine analytische

Unbrauchbarkeit beschränkt (BLACK 2001:14, NICHOLSON 2014:3). Hierbei werden zudem einseitig die Push - Faktoren eines vermeintlichen Umweltdeterminismus herausgezeichnet und gleichzeitig attraktive ökonomische Pull - Faktoren der Zielländer vernachlässigt (FELGENTREFF/GEIGER 2013:8), sowie alternative Handlungsweisen und regionale Adaptionsmaßnahmen an Umweltveränderungen missachtet FELGENTREFF (2016:141).

Einen Gegenbeweis für die vielfach betonte Klimavulnerabilität in Afrika (GEBAUER/DOEVENSPECK 2014:102) bietet die rasante Vegetationszunahme („Regreening") in der heute fälschlicherweise immer noch überwiegend als Dürregebiet wahrgenommenen Sahelzone (SCHMUNDT 2009:136). Diese rasante Vegetationsentwicklung ist durch den holländischen Geografen Chris Reij fachliterarisch belegt und zudem in seinem Blog[1] für die Öffentlichkeit dokumentiert worden und lässt sich darüber hinaus durch Satellitenaufzeichnungen verdeutlichen.

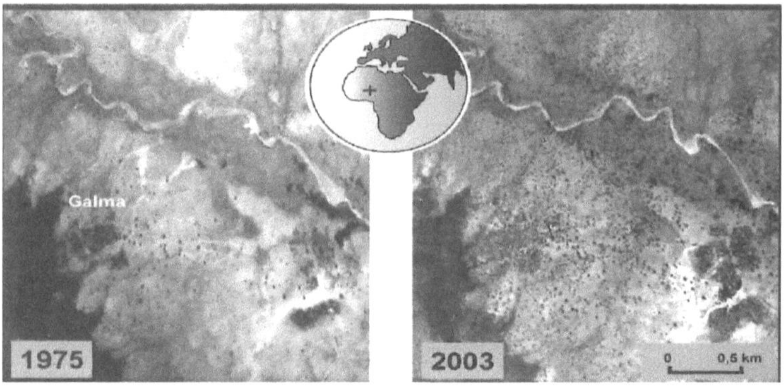

Abb. 9: Sattelitenaufzeichnung des Dorfes Galma südlich des Niger belegen Wiederaufforstungen der Sahelzone in GANTEFÖR (2011:234)

An dieser konkreten Entwicklung ist ersichtlich, das unvorhersehbare Dynamiken auftreten und für die betroffenen Akteure gänzlich neue Handlungs -und Gestaltungsmöglichkeiten der ökologischen Nutzbarkeit eröffnen.

Eine weitere zentrale Sorge im Zuge einer globalen Erwärmung ist die Veränderung des Meeresspiegels infolge der Gletscherschmelze und des Abtauens der Polregionen. Vorab würden laut GANTEFÖR (2011:243) abtauende Gletscher den Meeresspiegel, aufgrund ihrer vergleichsweise geringen kryossphärischen Wasservolumina, nicht merklich ansteigen lassen. Die Vorstellung eines Abtauens der Antarktis sei zudem sehr unwahrscheinlich, da es trotz

[1] [<http://africa-regreening.blogspot.de/> (Letzter Zugriff: 23.02.17) (Stand:2014)]

einer globalen Erwärmung, oder gerade wegen dieser -, und der damit verbundenen höheren Niederschlagsmenge, zu einer Zunahme der antarktischen Eismasse kommt, welche den Meeresspiegel sogar um 5,5 Zentimeter absenkt (IPCC 2007:764). Die gewaltige Eisdecke der Antarktis mit einer Dicke von durchschnittlich 1.6 Kilometern besteht seit etwa 35 Millionen Jahren und ist seither eine der unveränderlicheren Größen unter den weltweiten Umweltfaktoren (ZACHOS et al. 2001:688). Die Gletscher der Erde sind nunmehr seit mehreren Jahrhunderten auf dem Rückzug. Ihr Wachstum hat seit 1840 aufgrund veränderter Zirkulation der Passatwinde aus dem Pazifik abgenommen (LOMBORG 2008:74f.) Selbst eine besonders starke Reduzierung anthropogener Emissionsausstöße würde daran nur wenig ändern. Das Abtauen der Nordpolareismassen wird ebenfalls keinen merklichen Anstieg des Meeresspiegels verursachen, da der größte Anteil der Arktis - Eiskappe unterhalb der Wasseroberfläche des Nordpolarmeer situiert ist und nach physikalischem Grundverständnis die Aggregatzustandsänderung von Eis in Wasser keine Volumenzunahme des Gesamtsystems zur Folge haben kann (GANTEFÖR 2011:243). An dieser Stelle sei auf ein kleines Hausexperiment mithilfe eines Eiswürfels im Wasserglas hingewiesen. Dies bedeutet nach LOMBORG (2008:84) jedoch nicht, dass gar kein merklicher Anstieg des Meeresspiegels durch eine globale Erwärmung bis zum Ende des Millenniums erfolgen wird. Ein steigender Meeresspiegel sorgt dafür, dass etwa 100 Millionen Menschen jährlich von Überschwemmungen heimgesucht werden könnten. Jedoch sei ebenfalls anzunehmen, dass die betroffenen Gesellschaften diesem Anstieg nicht einfach tatenlos ausgeliefert sind, sondern eine Risikominderung mittels konkreter Gegenmaßnahmen erzielen. Doch dazu im unteren Abschnitt mehr. Die Thematik der vermehrten Ausbreitung von tropischen Pandemien wie Malaria scheint sich in die Reihe vorschnell veröffentlichter Vorhersagen und Fehlinformationen einzureihen. Nach den Untersuchungen von REITER et al. (2004:324) ist die Malariakrankheit nicht klimatisch determiniert, sondern resultiert aus hygienischen - und medizinischen Versorgungsbedingungen. In früheren Jahrhundert war diese Krankheit auch noch in Nord- und Mitteleuropa stark verbreitet, obwohl die Mehrheit der Menschen diese Regionen nie verlassen hat. Und auch in tropischen Gebieten wie Hawaii, Aruba und Barbados stellt Malaria nach LAFRAMBOISE (2012:17) kein Problem dar. Die proklamierte Gefahr zunehmender Hitzetode kann entkräftet werden, da der Homo sapiens eine Spezies ist, welche im Laufe der Evolution eine große Anpassungsfähigkeit an nahezu alle Klimate der Erde hervorbrachte (STAMPF/TRAUFETTER 2007:156). Weiterhin besteht auch innerhalb des Tagesverlaufes die Möglichkeit von Temperaturschwankungen im zweistelligen Gradbereich. Es ist zudem belegt, dass mehr Menschen durch kalte Witterung umkommen, als durch wärmere (IPCC 2001b: 458).

Die Erweiterung der Betrachtungsperspektive bezüglich der Erwärmungsfolgen, ist nicht nur in der Lage, häufig proklamierte Gefahren des „*global warming*“ weitestgehend zu entkräften, sondern einer globalen Erwärmung in Verbindung mit einem verstärkten Kohlendioxidausstoß bis zum Jahrhundertende auch durchaus Vorteile abzugewinnen. Laut GANTEFÖR (2011:258) liegen diese in der Zunahme der weltweiten Ernteerträge durch einen Anstieg des Pflanzenwachstums, der Wiederbewohnbarkeit von subpolaren Gebieten, dem Ergrünen der Sahara und der Vergrößerung des gesamten Lebensraumes der Menschen.

Die tatsächlichen Nachteile, welche nach einer neutralen Betrachtung der Folgenproblematik auftreten, treffen primär die Länder des Globalen Südens und drücken damit auch politisch - ökonomische Machtverhältnisse und Wohlstandsdisparitäten aus (DIETZ/BRUNNENGRÄBER 2016:127). Die Lebens - und Überlebendbedingungen dieser Staaten werden sich nach WELZER (2008:100ff.) erheblich verschlechtern. Die Problemfelder seien dabei die Degradation von Süßwasserressourcen, der Nahrungsmittelrückgang und einer damit einhergehenden Überforderung gesellschaftlicher Mechanismen, welche zu Destabilisierung und Konflikten führen. Diese Entwicklungen stellen zudem ein Sicherheitsrisiko für generell schwache und fragile Staaten dar (MATTISEK/WIERTZ 2011:1232). Aus dieser Perspektive erfolgt eine Problemerweiterung von der bisherig globalen Emissionsthematik zu potentiellen Territorialproblematiken, welche mit zahlreiche Konfliktsituationen um Ressourcen und Überlebensbedingungen einhergeht (WELZER 2008:14f.). Globale Konflikte resultieren nach WELZER (2008:12) nur noch in Ausnahmefällen aus direkter und strategischer Kriegsführung westlicher Länder, sondern sind durch verstrickte Handlungsketten und Interessen bedingt.

Ebenfalls wird auf den Zerfall westlicher Gesellschaftsmodelle aufgrund von Klimauswirkungen spekuliert und hierfür ein sinnbildlicher Vergleich zum Wüstenschiff der „Eduard Bohlen“ angeführt (WELZER 2008:13), welches das Titelbild der Publikation: „Kilimakriege: Wofür im 21. Jahrhundert getötet wird“ (WELZER 2008), schmückt. Das berühmte Schiffswrack, welches heute etwa 200 Meter im Landesinneren der Sandwüste Namib liegt, ist aber weder mit territorialen Klimafolgen, noch mit Kriegszustände in Verbindung zu bringen, sondern resultiert aus gefährlichen Sandbänken und 300 Jahre Westwindauswirkung, welche den Verlauf Strandlinie fortwährend landeinwärts verlagerte (PACK/PACK 2011:261).

Abbildung aus urheberrechtlichen Gründen entfernt

Abb. 10: Wüstenwrack der „Eduard Bohlen" (WELZER 2008:o.A.)

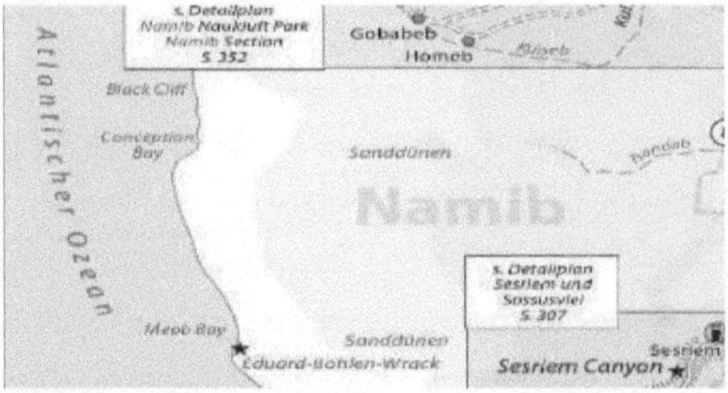

Abb. 11: Karte des Namib Naukluft - Park (PACK/PACK 2012:315)

Insgesamt werden unter einer steigenden Globaltemperatur und der potentiellen Zunahme territorialer Dürreerscheinungen sogar 24 Millionen Menschen weniger im Zustand des Wassermangels leben, vorausgesetzt, der zusätzlich steigende Niederschlag wird für die temporären Trockenzeiten gespeichert. Hieraus abgeleitet ergibt sich, dass die Herausforderung der Zukunft bezüglich des Wassermangels des Globalen Südens nicht in der Regulierung der globalen Erwärmung, sondern in der Bereitstellung von sauberem Trinkwasser und dessen nutzbarkeitsbezogener Errichtung infrastruktureller Kanalisationsbedingungen für drei Milliarden Menschen liegt (LOMBORG 2008:135). An dieser Stelle werden eklatante Missstände innerhalb der von BRAND/GÖRG (2016:106) beschriebenen Kategorie des „lokalen Wissens" ersichtlich. Diese führen zur Auflösung erforderlicher Trennschärfen in der symptomatischen Lesart und Interpretation von sozio - ökologischen Klimarisiken bei gleichzeitiger Missachtung des historischen -, politischen - und sozialen Raumkontextes ((MATTISEK/WIERTZ 2011:1233). Die wichtigste Frage bei der Betrachtung der Gesamtauswirkungen ist jedoch, Konzepte lokaler Gegenstrategien vorzustellen, welche eine Risikominderung, bei gleichzeitiger Berücksichtigung zahlreicher weiterer ökologischer und sozialer Problemfeldern, ermöglichen können (LOMBORG 2008:139).

3.2.2 Gesellschaftliche Konzepte der Risikominderung

Nach MAUSER (2011:1196) ergeben sich zwei Formen gesellschaftlicher Handlungsstrategien. Einerseits die Migitation, also die Bekämpfung der vermeintlichen Ursachen durch Einflussminimierung und andererseits die Adaptation an die Folgen des globalen Wandels. Einhergehend mit dieser Unterscheidung ist die die Einordnung in zwei Metaebenen der Betrachtungsweise zwischen Natur und Gesellschaft möglich. Die Migitation ist in das Konzept der „Gesellschaftlichen Naturverhältnisse" einzuordnen. Gesellschaftliche Naturverhältnisse werden hierbei nach BECKER (2003:186) als „das Geflecht der vermittelnden Beziehungen zwischen Individuen, Gesellschaft und Natur sowie die sich darin ausbildenden Muster", verstanden. Dieses umfasst die Auflösung der Dichotomie zwischen den Dimensionen, wodurch materiell - stoffliche Interaktionen zwischen Gesellschaft und Natur möglich sind und auf Grundlage einer politisch - ökonomischer Agenda reguliert werden können (BECKER et al. 2011:80). Nach DIETZ/BRUNNENGRÄBER (2016:129) können diese Regulationen in kontextualisierter Betrachtung der Klimaerwärmung mit Änderungen der Produktions-, Konsum-, und Mobilitätsmuster verbunden sein. Hierfür schlägt BRAND (2016:294) ein nachhaltiges Wirtschaftswachstum, geknüpft an eine ökologische Steuerreform und strikte Obergrenzen für den Verbrauch von Ressourcen und den Ausstoß von Kohlendioxid, vor.

Im Gegensatz dazu lässt sich die Adaptationsstrategie in das Konzept des Umweltbehaviorismus einordnen, welcher auf der Grundlage einer dichotomen Charakteristik zwischen Natur und Gesellschaft beruht, da der Behaviorismus eine naturdeterministische Sichtweise anlegt. Diese ergibt sich durch die Auffassung einer Kausalstruktur aus Umweltreizen (z.B. Naturgefahren) und anthropogenen Reaktionsmustern (WATSON 1930:39). Eine wichtige Erkenntnis ist hierbei, dass Naturgewalten nur im Kontext mit menschlichen Habitaten und Wahrnehmungsmaßstäben zu Naturrisiken werden (FUCHS/WENZEL 2000:15).

Die potenziellen genannten Folgewirkungen des Klimawandels sind in diesem Fall als Naturgewalten einzuordnen, welche im anthropogenen Wertungsgefüge als Naturrisiko oder ökologische Bedrohung erscheinen und kategorial - selektiert der Hazardforschung zugeordnet werden können. Hazards sind „plötzlich auftretende Ereignisse mit erheblichen Schadensausmaß für Menschen, Infrastruktur und soziales Gefüge in einer größeren Region." (DIKAU/POHL 2007:1031). Diese Betrachtungsweise bringt nach DIETZ/BRUNNENGRÄBER (2016:128) eine klimadeterministische Denkweise zum Ausdruck, der zufolge das Klima die Richtung menschlicher Handlungen vorgibt, welche sich in adaptiven nationalen Handlungsmaßnahmen, wie der Verbesserung des technologischen und infrastrukturellen Managements, dem Bau und der Intensivierung von Deichanalgen, der Ausweitung des regionalen Bewässerungssystems, sowie in den Sicherheitsinnovationen der Agglomerate, widerspiegeln.

Zusammengefasst ist die Migitationsstrategie also eine Form der Ursachenvermeidung auf dem Wege der Emissionsreduzierung von Treibhausgasen im Sinne eines Regulationsprozesses des gesellschaftlich - ökologischen Metabolismus. Die Adaptionsstrategie hingegen beruht auf den Behaviorismus und der Hazardtheorie und schlussfolgert aus den Reizeffekten der Umwelt eine äquivalente Anpassung von Gesellschaftssystemen durch technische Vorsorgemaßnahmen. An dieser Stelle erfolgt eine Politisierung der Umwelt (DIETZ/BRUNNENGRÄBER 2016: 129). Es stellt sich nach LOMBORG (2008:191) die Frage, welche Handlungsstrategien die Weltgemeinschaft in der Anfangsphase eines Jahrhunderts forcieren muss, damit nachfolgenden Generationen eine bessere Welt hinterlassen werden kann, welche durch eine gesteigerte globale Wohlstandsverteilung und medizinischen Versorgung, die Abschaffung von sozialen Krisenherden, Armut, Epidemien, Hunger, der Begrenzung des Bevölkerungswachstums und eines besseren Zustandes der Umwelt gekennzeichnet sein sollte. Der Wandel des Klimas kann viele dieser Faktoren maßgeblich beeinflussen, jedoch sei es ein Trugschluss, dass eine umfassend dekarbonisierte Gesellschaft in der Lage ist, diese Aufgaben nach einer schrittweisen Deindustrialisierung ebenfalls meistern zu können (LOMBORG 2008:192f.). Nach GANTEFÖR (2011:256) besitzt die rapide zunehmende Weltbevölkerung eine weitaus erheblichere Dringlichkeitsstufe als die Klimaerwärmung und sei nur mit einer verbesserten und bezahlbaren Energieversorgung aus fossilen Energieträgern, regionales Wirtschaftswachstum durch die vermehrte Eigennutzung vorhandener Ressourcen und des in Kapitel 3.2.1 herausgestellten kohlendioxidabhängigen verbesserten Pflanzenwachstum sowie der daran gekoppelten Nahrungsversorgung von Entwicklungsländern, möglich. Ein verbessertes Wohlstandniveau des Globalen Südens eröffne nach LOMBORG (2008:188f.) weitaus effizientere Möglichkeiten zur Bekämpfung von Krankheiten, Unterernährung und dem verbesserten Zugang zu sauberem Trinkwasser, sowie medizinischer und hygienischer Versorgung. Die ärmeren Staaten der Erde stehen zudem den erörterten Folgewirkungen aus Kapitel 3.2.1 weitestgehend wehrloser gegenüber und wären nicht in der Lage notwendige Anpassungsmaßnahmen an etwaige Umweltverschlechterungen zu treffen. Somit bewertet LOMBORG (2008:189) das Migitationsprinzip als „zweischneidiges Schwert", in Anbetracht der vielen unsicheren Faktoren innerhalb des Klimasystems.

Erst die Verbesserung des Lebensstandards in Entwicklungsländern ermöglicht nachhaltigen Umweltschutz (GANTEFÖR 2011:256), welcher neben dem Klimawandel auch noch weitere Begrifflichkeiten umfasst, die sich in der folgenden Abbildung wiederfinden.

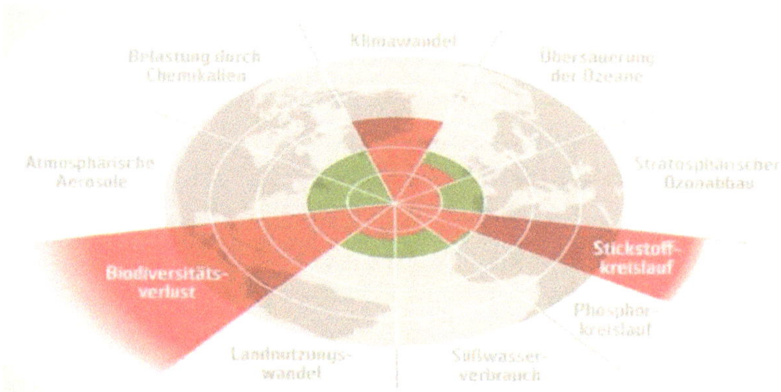

Abb. 12: Übersicht - ökologische Problemlagen: LESCH/KAMPHAUSEN (2016:245)

Zusammenfassend ergibt sich aus der ursachenbezogenen Betrachtungsperspektive des Klimawandels, der Einschätzung von Folgen und Gefahren, sowie den vorgestellten Gegenmaßnahmen eine grundlegende Frage. Sollte man in Anbetracht der zu bewältigenden ökologischen und sozialen Problemlagen in diesem Jahrhundert die Omnipräsenz und prioritäre Stellung des Klimawandels gesellschaftlich weiter hervorheben, oder vielmehr versuchen, diese gleichbedeutend zu kollektivieren. Es wurde deutlich aufgezeigt, dass die Komplexität des Klimawandels auch Teilsysteme einschließt, welche mit anderen globalen Problemsituationen, wie der Wasser - und Energieversorgung korrelieren und durch die Etablierung eines regionalen ökonomischen Fortschritts und technischen „*Know - Hows*" gleichzeitig lösbar sind. Die Forderung einer globalen Deindustrialisierung zieht ein Wachstumshemmnis für die Entwicklungsländer des Globalen Südens nach sich und verhindert dadurch die notwendige Adaption an mögliche Gefahren der globalen Erwärmung und basiert zudem auf einer wissenschaftlichen Hypothese, die nicht verifiziert ist und somit keine Tatsache darstellt.

Aus diesem Grund intensiviert sich an dieser Stelle die Frage, ob sich die Forderung nach einer kohlendioxidarmen Gesellschaft aus einer faktenbezogenen Handlungsableitung, oder aus einer politischen Doktrin ergibt?

4 Krisenhysterie - Die soziale Konstruktion der Klimakatastrophe

Der Klimawandel gehört zu den Phänomenen, dessen wirkliche Substanz niemand wirklich kennt und deshalb der Mehrzahl der Menschen keinen direkt handlungsrelevanten Wissenszugang ermöglicht (REICHHOLF 2011:100). BECK (1986:35) zählt ein solches Phänomen zu dem Charakteristikum von Umweltrisiken, mit welchen die postindustrielle „Risikogesellschaft" konfrontiert ist. An dieser Stelle liegt allerdings eine Diskrepanz in der ökologischen Risikokommunikation zwischen Wissenschaft, Politik und Medien verborgen (WEINGART et al. 2002:17). Der Großteil wissenschaftlicher und medialen Darstellung des Klimawandels ist durch eine überzogene krisenhafte Kommunikationsstilistik geprägt und bedient sich einer apokalyptischen Rhetorik mithilfe von Reizbegriffen wie Unumkehrbarkeit, Beschleunigung, Tod und Verderben (EREAUT/NAT 2006:7). Der öffentliche Klimadiskurs initiiert nach SCHULZE (2011:46) atemberaubende, alttestamentarische und anmutende Szenarien großer narrativer Wucht, egal ob die wissenschaftliche Faktenlage mit der Ikonisierung von Sintfluten, Orkanen, Dürren und dem Artensterben verknüpft ist, oder nicht. Die archaische Eigendynamik, welche diesen Naturereignissen innewohnt, übt durch die Zuspitzung des Diskursverlaufes eine beeindruckende Wirkung auf das Medienpublikum aus. Dadurch reiht sich die alarmistische Darstellung und Konzeption des Klimawandels in die Historie eschatologische Weltuntergangsprophetien der Menschheitsgeschichte ein, die dem Einschlag des Halley'schen Kometen von 1835 (WEINGART et al. 2002:9), oder der biblischen Sintflut (GANTEFÖR:2011:5), gleichkommen.

Abb. 13: Mittelalterliche Darstellung der Sintflut von Lodovico Dolce in GANTEFÖR (2011:5)

Die Dimensionierung der Klimawandels als Menschheitskatastrophe steht nach WEINGART et al. (2002:54) im engen Zusammenhang mit einer Reihe von Folgeszenarien und der Zurechnung von Betroffenheit in Bezug auf proklamierte Auswirkungen für die Entwicklungsländer des Globalen Südens, bei gleichzeitiger Missachtung der Tatsache, dass diese Länder durch fehlende finanzielle - und technische Möglichkeiten nicht in der Lage sind, der topografischer Determiniertheit des Krisenhaften zu entgegen.
Außerdem benötigen wir nach SCHULZE (2010:44) für den Ausruf einer Krise eine klare Vorstellung von den Komponenten Normalität, Diagnose und Kausalität. Ohne eine Relation zum Normalitätsmodell gibt es in Kultur und Gesellschaft auch das Krisenhafte nicht mehr.
Im Zusammenhang mit dem Weltklima wird es daher schwer den Normalitätszustand zu definieren. SCHULZE (2010:48) stellt daraus ableitend die Frage, welches Klima denn die letzten tausend, zweitausend oder zehntausend Jahren als „normal" angesehen wird. Etwa die „Kleine Eiszeit", welche in der Zeitspanne von 1600 bis 1850 in Europa zu witterungsbedingten Missernten und Millionen von Toten führte, oder doch lieber das mittelalterliche „Klima - Optimum", welches einherging mit der Errichtung zahlreicher Siedlungen und landwirtschaftlichen Nutzungsmöglichkeiten. Die Spanne zeigt uns jedoch deutlich auf, dass Warmzeiten für den Menschen bessere zivilisatorische Voraussetzungen bieten, als Kaltzeiten (REICHHOLF 2011:36). Es scheint gleichzeitig sinnvoll zu sein, diese Ansätze innerhalb der wissenschaftlichen und gesellschaftlichen Konstruktion des „*global warming*" einzubinden, um einem diskursiven Fortschritt in der Bewertung von Umweltveränderungen anzustoßen.
Aber die Realität sieht anders aus. Das UN - Gremium des IPCC, welches sich selbst mit den besten Klimaspezialisten der Welt rühmt, besitzt den Forschungsauftrag, einen Nachweis dafür zu liefern, dass die Erde durch eine menschengemachte Klimaerwärmung der drohenden Gefahr gegenübersteht und bestimmt damit indirekt die Verwendung von Billionen an Steuermitteln, welche für die Lösung dringenderer globaler Problemherde somit nicht mehr zur Verfügung stehen (LAFRAMBOISE, 2012:198). Dass jedoch wissenschaftliche Debatten seither, durch die Widerlegung falscher Hypothesen mithilfe einer gesunden Skepsis geprägt sind, zeigt der Verlauf der Wissenschaftskultur. Bezeichnend hierfür steht die Entdeckung von Bakterien und Viren durch Robert Koch. Damit zerschlug dieser die Miasmentheorie, auf deren Grundlage Krankheiten wie Tuberkulose oder Cholera von giftigen Dämpfen herrühren sollten und Koryphäen wie Rudolf Virchow oder Max von Pettenkofer verspotteten den neuen Ansatz mit dem Begriff „Körperzoo".
Nun, der „Körperzoo" wurde letzten Endes zur Lektion eines kollektiven Denkprozesses und die Miasmentheorie entschwand aus den Annalen der Medizin (SCHULZE 2010:65).

Besonders innerhalb der Klimawissenschaft sollte ein reflektierter Rückbezug auf die historische Wandelbarkeit von Wissensbeständen mit Demut aufgefasst werden.
Doch so lange skeptische Stimmen durch Denunziation und Diskreditierung abgeblockt werden, ist damit wohl vorerst nicht zu rechnen. Bereits John Houghton, der ehemalige Vizepräsident des Weltklimarates, verkündete: „Wenn wir in Zukunft gute Umweltpolitik haben wollen, dann müssen wir eine Katastrophe bekommen." (HOUGHTON 1995: o.A.).

Abbildung aus urheberrechtlichen Gründen entfernt

Abb. 14: Karikatur „Klimawissenschaftler als Inquisitoren" (KLAUS 2007:1)

Die katastrophistische Kontextualisierung deutet auf eine Analogie zu dem hin, was SWYNGEDOUW (2010:216) als „attractions of the apocalyptic imaginaries", bezeichnet. GÄBLER (2015:10) erkennt darin wiederum, dass „Geographien der Frucht" mobilisiert werden, die mit wissenschaftlich unterfütterten Zukunftsszenarien das Selbstauslöschungspotential der menschlichen Praxis aufzeigen und zu einem Wandel der individuellen Lebensstile führen sollen. Bei dem individuellen Wissen über den Klimawandel handelt es sich nicht rein um subjektive Wahrnehmungen, sondern um kollektive Bedeutungszuweisungen und zirkulierende Vorstellungen, welche durch den Einzelnen internalisiert werden, um daran eine Kommunikation anzuschließen. Deshalb kann der Klimawandel als soziale Konstruktion verstanden werden (STEHR/VON STORCH 1995: 101f.).

4.1 Mediale Inszenierung und Krisenkommunikation

Aus systemtheoretischer Perspektive sind verschiedene Teilsysteme wie Wissenschaft, Politik, Recht, Religion, Wirtschaft und Medien an der Konstruktion der soziokulturellen Auffassung des Klimawandels beteiligt und entwickeln in ihrem Zusammenwirken ein Produkt der funktionellen gesellschaftlichen Ausdifferenzierung (WINKLER 2008:43ff.).

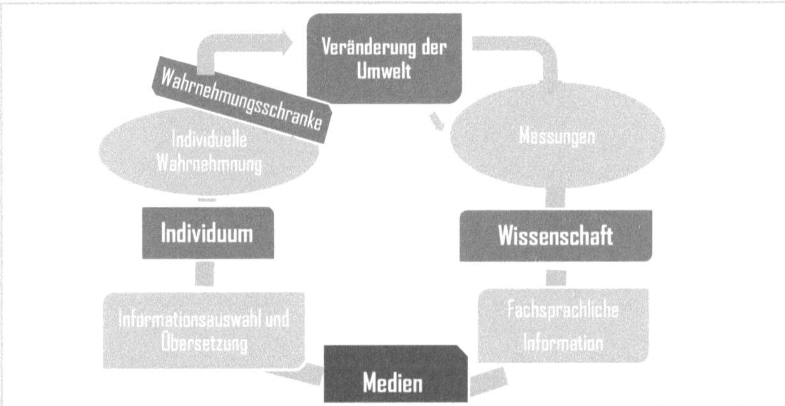

Abb. 15: Gesellschaftliche Wissensvermittlung von Umweltrisiken (eigene Darstellung nach REY 1995:28)

Den Medien kommt hierbei eine besondere Stellung zu, da diese in allen Bereichen der Gesellschaft präsent sind und eine vermittelnde Funktion einnehmen (WINKLER 2008:43ff.). Zudem erfolgt über die Medien eine Transformation der Inhalte aus der Sphäre der wissenschaftlichen Spezialdiskursen in den Bereich des öffentlichen Diskurses. Dieser Übergang ist verbunden mit einer Reduktion der wissenschaftlichen Komplexität und einer alltagssprachlichen Adaption und Aufbereitung (WINKLER 2008:49f.). Deshalb prägen die Medien nach WEINGART et al. (2002:22) entsprechend ihrer Interessen und Ansprüche eine ganz eigene Sichtweise auf den Klimawandel aus. Welche Bedeutsamkeit erschließt sich aber daraus im Hinblick auf die fortfolgende Konstruktion der gesellschaftlichen Perspektive? Hierbei möchten wir die Aussage Niklas Luhmanns berücksichtigen: „Was wir über unsere Gesellschaft, ja über die Welt, in der wir leben wissen, wissen wir aus den Massenmedien" (LUHMANN 1995:5).

Die Untersuchung der Entwicklung medialer Sichtweisen auf den Klimawandel ergibt, dass sich die vorherrschende These in den 1970'er Jahren noch von einer anthropogen - bedingten Abkühlung der Globaltemperatur nährte und sich die Neukonzeption einer diametralen

Erderwärmung erst gegen die Deutung einer neuerlichen Eiszeit durchsetzen musste (MÜLLER - MAHN, D. 2010:105f.).

Interessant ist in diesem Zusammenhang die von POST (2008:4) herausgezeichnete Medientendenz zu katastrophalen Ereignissen und dramaturgischer Gefahrenbetrachtung, welche auch schon weit vor dem Beginn der Klimadebatte existent war. Über Fluten, Tsunamis und Erdbeben hätten die Medien auch ohne einen Klimawandel intensiv berichtet. Anderseits bot die entfachte Debatte um die globale Erwärmung nun jedoch die Möglichkeit, diese Hazards alarmierender zu inszenieren und zudem auch einen neuen Kontext mit vermeintlich unbedeutenderen Naturereignisse, wie den wiederkehrenden Sommerbränden mediterraner Regionen, herzustellen. Damit konnte das selbstgeschaffene öffentliche Katastropheninteresse befriedigt und darüber hinaus zur Konstruktion neuer Ängste beigetragen werden, die den Resonanzboden der Thematik vergrößerten.

Um bei den Adressaten Nachvollziehbarkeit für das wissenschaftliche Konstrukt des Klimawandels zu schaffen und komplexe Umweltveränderungen konkret erfahrbar zu machen, bedarf es nach BORNHÖFT et al. (2002:22ff.) der Verbindung mit einer lebensweltlichen Wahrnehmung, indem über aktuelle, meist mit Schäden verbundenen Wetterereignissen, als Warnzeichen des Klimawandels berichtet wird.

So geht die Medienlandschaft in Deutschland nach WEINGART et al. (2002:22) beispielsweise davon aus, dass schon genügend Hinweise vorliegen, welche die Klimakatastrophe unausweichlich erscheinen lassen.

Der Klimawandel wird für das Publikum erfahrbar durch eine Regionalisierung des globalen Trends und die unmittelbare Bedeutsamkeit für die alltägliche Lebenswelt. Die Klimakatastrophe als Ereignis der Zukunft produziert somit den Bezug auf einen langen Zeitraum und stellt auf diese Weise eine gewisse Kohärenz sicher, um sowohl lange Erkenntnisprozesse als auch politische Entscheidungen in einen überschaubaren und temporal einschätzbaren Bedeutungszusammenhang zu transformieren (WEINGART et al. 2002:84f.).

POSTMANN, N. (1997:86f.) zeichnete in der Untersuchung der Medienhistorie deutlich heraus, dass die Einführung der Telegraphie in den USA zu einem Wandel der Betrachtung und Funktionsweise von Informationen führte. Die Nachricht wurde als ursprünglich zweckbestimmte und handlungsgebundene Information abgelöste und in eine Informationsflut eingebunden, welche in Kombination mit der fortwährenden Vernetzung und Digitalisierung in eine globale Nachbarschaft mündete. Die Themen, welche das alltägliche Interesse einfangen konnten, bestanden nun nicht mehr aus handlungsweisenden kommunalen Ereignissen, sondern aus Schlagzeilen und Sensationen, welche zwar die Aufmerksamkeit der Konsumenten anzogen, aber mit dem gleichzeitigen Ambitionsverlust einhergingen, Hintergründe und Zusammenhänge umfassend aufzuzeigen. Die Gefahr, welche aus dieser Entwicklung resultiert kann im Kontext zur gesellschaftlichen Risikokonstruktion auf der Grundlage des von LEBON ([1895] 2016:45) erörterten massenpsychologischen Effektes betrachtet werden.

> „Die Entstehung von Legenden, die so leicht in den Massen umlaufen, ist nicht nur Folge vollkommener Leichtgläubigkeit, sondern auch der ungeheuerlichen Entstellung, welche die Ereignisse in der Phantasie der Menschensammlungen erfahren. [...] Die Vernunft beweist die Zusammenhanglosigkeit dieser Bilder, aber die Masse beachtet sie nicht und vermengt die Zusätze ihrer entstellenden Phantasie mit dem Ereignis. Die Masse ist unfähig, das Persönliche von dem Sachlichen zu unterscheiden. Sie nimmt die Bilder, die in ihrem Bewusstsein auftauchen und sehr oft nur eine entfernte Ähnlichkeit mit der beobachteten Tatsache haben, für Wirklichkeit.“

Neben der Darstellung einer unmittelbaren Bedrohung durch den Klimawandel, intensivierte sich nach BETHGE ET AL. (2006:78) auch der Verweis auf die mittelbare Betroffenheit im Zusammenhang mit wirtschaftlichen Folgen, welche das errichtete Risikokonstrukt zusätzlich verfestigte. Zudem konnte sich die Klimaberichtserstattung auch jenseits der großen Titelstories, mittels unzähliger kleiner Artikel und Erwähnungen, in den vergangenen Jahrzehnten fest in den öffentlichen Ressorts etablieren. Infolge dieser Entwicklung wurde der Klimawandel als Sinnzusammenhang in alle gesellschaftlichen Bereiche transportiert (ENGELS 2007:64ff.). Zudem verfestigen sich aber auch inhaltliche Brücken in ursprünglich themenfremden Bereichen. So erfolgte die Berichterstattung über den Grund für die zunehmenden Risse an Stellen des Berliner Holocaust - Mahnmals wie folgt: „Die Amerikaner oder der Klimawandel also, man hätte es sich denken können, irgendetwas Großes muss die Ursache dafür sein“ (FELDENKRICHEN 2007:142).
Innerhalb der Mediengesellschaft werden die wissenschaftlichen Regeln in der öffentlichen Kommunikation nicht nur erodiert, sondern ihnen werden die Regeln der Medien aufgezwungen. Deshalb sei zu erwarten, dass dich die Katastrophenspirale der aktuellen Klimadiskussion nicht endlos fortsetzen lässt, ohne am Ende in völlige Bedeutungslosigkeit überzugehen (POST 2008:191). Auf dieser Grundlage ist es auch durch neue Erkenntnisse der Klimaforschung äußert schwer, eine rationale Auseinandersetzung mit der Thematik zu regenerieren.

4.2 Kollektives Krisenbewusstsein und Politische Handlungslegitimation

Die mediale Konstruktion der Klimakatastrophe schafft ein Problembewusstsein in der Öffentlichkeit und legitimiert politische Entscheidungsprozesse, welche sich in der Forderung nach einschneidenden Maßnahmen und Transformationsprozessen des gesellschaftlichen Lebens widerspiegeln und angesichts des vorgeprägten Resonanzbodens bei der Bevölkerung starke Beachtung finden (POST 2008:4).
In den folgenden Abschnitten wird aufgezeigt, zu welchen konkreten politischen Handlungsmöglichkeiten dieser Legitimationsprozess führen kann.

4.2.1 Die ökologisch - transformierte Weltgesellschaft

Der WBGU (2011:66) warnt im Zuge der globalen Erwärmung eindringlich vor dem Überschreiten einer Zwei - Grad - Leitplanke im Sinne des Klimaschutzes und fordert als Lösung das Konzept der „Großen Transformation" zu einer nachhaltigen Gesellschaft. Das didaktisch verarbeitete Konzept des Klimaschutzes stützt sich in HAMANN et al. (2013:19) auf die Grundlage einer erkrankten, fieberhaften Erde und zieht damit den Vergleich von einem planetaren Himmelskörper zu einem biologischen Organismus.

Abbildung aus urheberrechtlichen Gründen entfernt

Abb. 16: „Die Erde hat Fieber" - Wahrnehmung der Erde als Organismus in HAMANN et al. (2013:19)

Jedoch stellt die Wahrnehmung der Welt als Organismus nach SCHULZE (2010:48f.) einen entscheidenden Annahmefehler dar. Dass organische Modell ist inspiriert von Entitäten wie Bauch, Darm, Haut, Lunge und Herz, welche in krankhafte Zustände übergehen, oder sich selbst regulieren können. Die Abbildung des Weltklimas als ein sich selbst regulierender Organismus sei jedoch naiv und kommt einer „Weltdeutung als Projektion unserer leiblichen Erfahrungen nach außen" (SCHULZE 2010:49), gleich.

Wenn also das Konzept der „Großen Transformation“ organische Erfahrungen abstrahiert und auf dieser Grundlage ökologische Kausalschlüsse bezüglich eines ökologischen Normalzustandes oder dem „gesunden“ Globalklima zulässt, muss vorerst geklärt werden, ob ein ökologisches Gleichgewicht überhaupt existiert. Das Gleichgewicht in der Natur ist nach REICHHOLF (1998:81) ein sich ständig veränderliches „Fließgleichgewicht“ oder auch „Homöostase“, die der naturromantischen Vorstellung einer Ausgeglichenheit somit nicht dienen kann. Die Vorstellung der Erde als biologisches Konstrukt oder lebende Entität entspringt der sogenannten Gaia - Hypothese (LOVELOCK 1979:10). MADURO/SCHAUERHAMMER (1992:158) werfen dieser These religiöse Transzendenz und extremen Biologismus vor und verorten diese Weltanschauung kategorial zum Ökologismus. Diese Transzendenz wird seitens der Begründer ausdrücklich bestärkt.

„Gaia ist weniger schädlich als die normalen Religionen. Sie kann sehr umweltbewusst sein. Wenigstens ist sie nicht anthropozentrisch.“ (LAWRENCE 1991:70f., zit. in MADURO/SCHAUERHAMMER 1992:164).

Die Aussage weist allerdings eine Widersprüchlichkeit in sich auf, da die angestrebte Abwendung vom Anthropozentrismus den Grundannahmen einer biologisch gebärenden Mutter Erde unterliegt (LOVELOCK 1979:9ff.), und somit zutiefst biologisch - und anthropozentrisch verwurzelt ist. EILINGSFELD (1989: 21ff.) warnt indes eindringlich vor der zunehmenden ideologischen Abhängigkeit der Wissenschaften von einem romantisierenden Ökologismus, welcher sich bereits erstaunlich fortgeschritten mit der politischen Praxis verwoben haben soll und dadurch totalitäre Tendenzen hervorbringt, die auf eine allmähliche Zerstörung der Industriegesellschaft und vollständige Systemveränderung abzielen.

Eine solche ökologische Ideologie ist erkennbar an ihren Grundmanifesten und hinsichtlich ihrer Zielvorstellung zutiefst unwissenschaftlich, wird jedoch trotz dessen innerhalb der wissenschaftlichen Gemeinde akzeptiert und als heuristische Anregung tituliert (MADURO/SCHAUERHAMMER 1992:159). Dieser heuristische Charakter kommt auch in der „Großen Transformation“ laut WBGU (2011:87ff.) zum Tragen und ist durch eine Überwindung der fossilen Wirtschaft hin zu einer vermeintlich „klimaverträglichen“ Ordnung gekennzeichnet. Zurückverfolgen lässt sich dieser Ansatz auf die Aussage des ehemaligen UN - Generaldirektors Maurice Strong:

„Besteht nicht die einzige Hoffnung im Zusammenbruch der industriellen Zivilisation? Liegt es nicht in unserer Verantwortung, dafür zu sorgen, dass dieser Zusammenbruch eintritt?“ (zit. in JANICH 2012:237).

Hinsichtlich der nicht verifizierten Klimawandel - Hypothese sollte die Argumentation politisch - engagierter Wissenschaftler nach MADURO/SCHAUERHAMMER (1992:146) als klare Absage an die Wissenschaft betrachtet werden, welche in ihrem Grundgedanken durch abgesicherte Wissensbestände die Basis für praktisches Handeln darstellt und keine Handlungsimperative mit wissenschaftlichen Vorurteilen rechtfertigen dürfe.

Der Klimawandel fordert nach MAXEINER/MIERSCH (2014:93) bereits eine Vormachtstellung im ökologischen Diskurs ein und spiegelt diese in sämtlichen Planungsmaßnahmen zu Raumordnung, Stadtentwicklung, Küstenschutz, Landschaftspflege und Energieversorgung wider. Diese organisatorische Eingebundenheit transportiert zudem neue Zielsetzung aus der soziologischen Makroperspektive der Klimadebatte, welche Begrifflichkeiten wie „Nullemission“ oder „postfossile Gesellschaft“ beinhaltet, aber im Zuge des nachhaltigen Transformationsprozesses dennoch die Versorgungssicherheit von Großstadtagglomerationen garantieren soll (BAURIEDL 2016:220f.) Wir setzen dieser nachhaltigen Entwicklungsperspektive an dieser Stelle eine pragmatische Perspektive entgegen, welche die Entwicklung der erneuerbaren Energieträger, hinsichtlich ihres Anteils an der Energieversorgung Deutschlands, berücksichtig.

Der Hauptanteil der Energieversorgung in Deutschland lastet trotz intensiver Förderungsmaßnahmen für Wind - und Solarenergie unverändert auf den fossilen Energieträgern, wobei 82 Prozent des Primärenergieverbrauches aus der Verbrennung von Kohle, Erdgas und Erdöl stammen und zusätzliche elf Prozent von der Kernenergie hinzukommen (GANTEFÖR 2011:22). Weitere sechs Prozent stammen aus sonstigen Energieträger wie Geothermie und nur zwei Prozent aus regenerativen Energieträgern. Unter den regenerativen Energieträgern wird seit vielen Jahrzenten der marginale Anteil aus Wasserkraft gewonnen, wohingegen ein bedeutsamer Anteil neuerer regenerativer Energieformen wie der Solar - und Windenergie noch sehr gering ist, was man der folgenden Abbildung entnehmen kann.

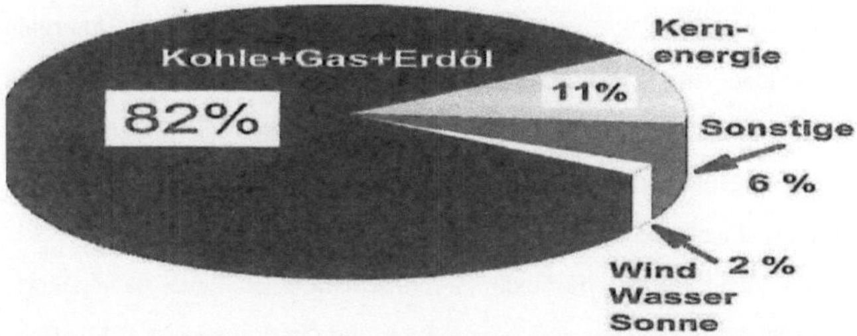

Abb. 17: Primärenergieverbrauch nach Energieträgern in Deutschland (GANTEFÖR 2011:22)

Die Problematik, welche sich aus der Energiewende und der damit verbundenen EEG - Umlage ergibt besteht nach LIMBURG/MÜLLER (2015:153f.) darin, dass die damit intendierte Emissionseinsparung an Kohlendioxid seit dem Jahre 2000 faktisch unverändert geblieben ist, da die erneuerbaren Energien nicht etwa Kohle, Gas oder Öl verdrängen konnten, sondern hauptsächlich den Rückgang der Kernkraft aufgefangen haben. Diese Tendenz wird in den nächsten zehn Jahren unveränderlich sein, da ein Ausbau innerhalb der regenerativen Energieträger nur noch im Solar - und Windbereich möglich ist und diese die derzeitige Produktion von etwa 97,3 TWh an Kernenergie nach dem geplanten Atomausstieg 2022 ersetzen muss (LIMBURG/MÜLLER 2015:154).
Nach der vorliegenden Faktenlage könnte man die grüne Energierevolution auch so beschreiben: „Deutschland kann den restlichen Ländern mit seiner real existierenden Energiewende als wertvolles Beispiel dienen: als abschreckendes Modell für Verschwendung und Größenwahn.“ (WENDT 2014:95).
Suma sumarum können wir dem Terminus „Größenwahn“ zustimmen, wenn die bisherigen Ergebnisse der Nachhaltigkeitstransformation das Fundament für eine *„Low Carbon Society“* bilden sollen. Eine sachgerechtere Energiepolitik, welche sich auf technische Fakten und nicht auf politischen Wahlstrategien oder ökologischen Ideologien beruft, beinhaltet nach LÜDECKE (2008:199ff.) den Primärenergiebezug aus schadstoffarmen Kohlekraftwerken, die Ausschöpfung aller kostenvernünftigen und umweltgerechten Möglichkeiten des Energiesparens, die effizienten Wärmedämmung von Gebäuden und die Entwicklung und Förderung aerosolfreier Flugzeugantriebe und hybrider -, als auch elektrischer Mobilität. BERNER/STREIF (2000:223ff.) halten den verantwortungsbewussten Umgang mit fossilen Energieträgern für maßgebend hinsichtlich der Zukunftsfähigkeit unserer Gesellschaft, allerdings sei eine zivilisatorische Zukunft ohne fossile Energieträger nicht möglich und der Verzicht auf die Nutzung von Erdöl, Erdgas und Kohle weder wirtschaftlich, noch gesellschaftlich sinnvoll und akzeptabel. Auch LOMBORG (2002:165f.) bekräftigt diese Ansicht und geht davon aus, dass ein gesellschaftlicher Umstieg von fossilen Energieträgern auf entweder regenerative Energien, Fusionsenergie, oder bis dato noch unbekannte Energien erfolgen wird, wenn diese eine vollständig äquivalente Alternative bieten. Es sei zudem bis zum Jahrhundertende und weit darüber hinaus angesichts technologischer Weiterentwicklung und verbesserter Erschließungsmöglichkeiten mit einer gedeckten Energieversorgung aus fossilen Energieträgern zu rechnen. Als weitaus bedeutsamer betrachtet LÜDECKE (2008:201) den Aufschluss der momentanen Entwicklungsländer zu Industrienationen durch die verstärkte Eigennutzung fossiler Energieträger und das gleichzeitige forcieren wirkungsvoller globaler

Umweltschutzmaßnahmen bezogen auf die Weltmeere, Fischbestände, Artenvielfalt, Regenwälder und die Luftsauberkeit.

Wir erkennen folglich eine Gegenüberstellung zwischen dem Zukunftsmodell einer sozial - ökologischen Transformation und einem konservativen Energieversorgungsmodell. Ersteres ist angereichert mit ökologischen Idealen, kann jedoch am Beispiel der vorgestellten Energiewende in Deutschland keinerlei Erfolge aufweisen. Das Gegenmodell plädiert auf Grundlage einer faktenbasierten Ressourcenanalyse für die Rückkehr zu bewährter Energieversorgung durch eine achtsame -, aber weitergeführte Nutzung fossiler Energieträgern, welche dem eingeforderten Wirtschaftswachstum des Globalen Südens für eine dringend notwendige Verbesserung des Lebensstandards und den sukzessiven Schwund globaler Disparitäten entgegenkommt. Der Unterscheidungsfaktor zwischen diesen Modellen liegt in der Klimaverträglichkeit. An dieser Stelle möchten wir dem Leser Querverweise zu der erörterten Klimawirksamkeit des Kohlendioxid in Kapitel 3.1 und den Folgen einer globalen Erwärmung in Kapitel 3.2 anraten, um ein eigenständiges Urteil bezüglich der Sinnhaftigkeit zukünftiger energiepolitischer Maßnahmen, unter dem Deckmantel des Klimaschutzes, zu fällen. Das Risiko einer globalen Erwärmung ist in der Gesamtbetrachtung, dem Einbezug dualistischer Sichtweisen und aller zur Verfügung stehenden Daten der Thematik, nach KLAUS (2007:114) zu gering und die Aufwandskosten und Unsicherheitsfaktoren für die vollständige Ursacheneliminierung zu hoch, um den Weg einer fundamentalistischen Gesellschaftstransformation einzuschlagen.

Der Vorsitzende der WBGU (2011) und Klimaberater der Deutschen Bundesregierung Hans Joachim Schellnhuber trägt diesbezüglich allerdings eine andere Perspektive vor. Er betrachtet die Bewältigung des Klimawandels als:

> „Feuertaufe für die im Entstehen begriffene Weltgesellschaft […] Für diese Perspektive eines nachhaltigen Krisenmanagements gibt es jedoch keine Garantie. Mindestens ebenso wahrscheinlich ist eine „„Ultima-Ratio"" - Strategie, auf welche die Regierungen zurückgreifen könnten, wenn sie erkennen, dass sie Geschwindigkeit und Wucht der Klimaproblematik unterschätzt haben, und der Ruf nach einer Rosskur für den Planeten lauter wird." (SCHELLNHUBER/RAHMSTORF 2007:133).

Unabhängig davon, welche Betrachtungsweise und deren vorgestellte Argumentationsgrundlage der Einzelne individuell nachvollziehen, bestärken oder verneinen mag, sollten wir im Zweifelsfall an die menschliche Vernunft und Rationalität appellieren, welche uns in unserer zivilisatorischen Entwicklung stets fortschreiten ließ, anstatt der Tugend eines politisierten ökologischen Aktivismus und dessen moralischem Handlungsimperativ zu verfallen (KLAUS 2011:115). Dieser ist unter Umständen im Stande, das Gesamtbild gesellschaftlicher Naturverhältnisse zu verzerren. Im äußersten Fall kann daraus die intellektuelle Extrahierung der menschlichen Gattung von ihrer natürlichen Umwelt, mittels pervertierter Forderungen, hervorgehen. Ein solches Gedankengut besetzte die Eugeniker - Bürgerbewegung „Church of Euthanasie" in den 1990'er Jahren mit dem Leitspruch: „Save the planet and kill yourself" (BRODER 1996:150ff.).

Abb. 18: Eugeniker - Bewegung „Church of Euthanasie" <https://www.vice.com/en_us/article/save-the-planet-kill-yourself-the-contentious-history-of-the-church-of-euthanasia-1022> (Zugriff:20.02.17)

4.2.2 Geoengineering - Technokratische Geosystemmanipulation

Das sogenannte Geoengineering umfasst Methoden, welche sich zum Ziel setzen die Folgen des globalen Klimawandels technologisch in den Griff zu bekommen (BEDUHNI/NIEMEIER 2016:1). Alle Geoengineering - Methoden gehen davon aus, dass die globale Erwärmung durch großtechnische Eingriffe in das Klimasystem revidierbar oder vermeidbar ist (UBA 2011:2). Diese Eingriffe stellen nach SCHELLNHUBER/RAHMSTORF (2007:133) Makro - Vermeidungsstrategie des Klimawandels dar. Das Umweltbundesamt teilt die technischen Maßnahmen in die zwei Kategorien des „Solar Radiation Management" (SRM) und des „Carbon Dioxide Removal" (CRM) ein. Die SRM - Technologien sollen den direkten Strahlungshaushalt der der Erde verändern, um die Nettostrahlung des einfallenden kurzwelligen Sonnenlichtes zu reflektieren und so die Atmosphäre in Bodennähe abzukühlen. Die CRM- Technologien dienen dazu, die Konzentration des Kohlendioxids in der Atmosphäre durch den Entzug und die Speicherung des Gases, zu verringern (UBA 2011:2). Die Grundidee großtechnischer Manipulationsprozesse der Geosphäre zur Veränderung des Klimas reichen nach WIERTZ (2016:87) bis in die 1960'er Jahre zurück. Das gesteigerte öffentliche Interesse an der archivierten Grundlagenforschung resultierte aus der Publikation des Chemie - Nobelpreisträgers Paul Crutzen über die Reflektivitätssteigerung der Sonnenstrahlung mittels gezieltem Eintrag an stratosphärischen Aerosolen in die Atmosphäre (CRUTZEN 2006:211ff.). Eine Bestandsaufnahme der Debatte zum Geoengineering wurde vom Kiel Earth Institute im Auftrag des Bundesministeriums für Bildung und Forschung herausgegeben (RICKELS et al. 2011). Darin werden konkrete Anwendungsmaßnahmen wie die Platzierung gigantischer Spiegel im Weltall, dem Aufhellen von Meereswolken, dem Eintrag reflektierender Aerosolpartikel in die Stratosphäre, der Eisendüngung von Ozeanen oder der Steigerung des Reflexionsvermögens von Nutzpflanzen, ersichtlich.

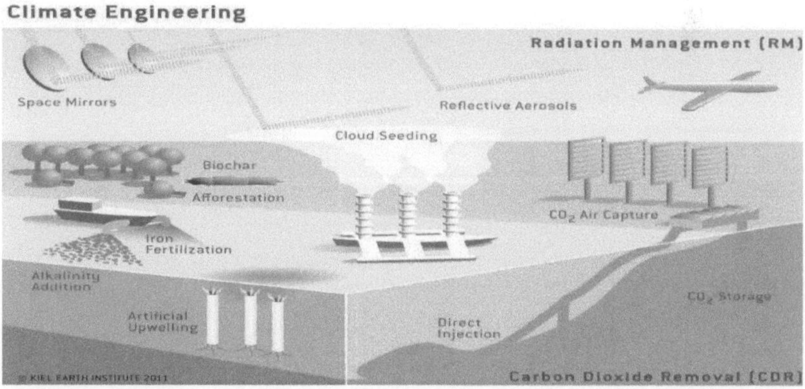

Abb. 19: Geoengineering - Maßnahmen zur Senkung der Globaltemperatur (RICKELS et al. 2011:9)

WIERTZ (2016:89) schreibt dem Geoengineering die Möglichkeit des Einhaltens planetarer Grenzwerte zu, wie die Einhaltung des politisierten Zwei - Grad - Ziels, welches damit gleichzeitig das Versprechen trägt, die auf zahlreichen Konferenzen definierten Klimaziele auf direktem und effizienterem Wege zu erfüllen, als es die Politik vermag. Damit einhergehend erfolgt auch eine Betrachtungsweise des Geoengineering als Optimierungsprozess der weltweiten Annäherung klimatischer Verhältnisse an einen Idealzustand (BAN - WEISS/CALDEIRA 2010:1). Dabei möchten wir jedoch auf die bereits erwähnten Ausführungen zu den natürlichen Gleichgewichtszuständen von Ökosystemen verweisen. Es geht unzweifelhaft aus den Phasen der Erdgeschichte hervor, dass Ungleichgewichte der Normalfall, Phasen der Stabilität hingegen die Ausnahme gewesen sind (REICHHOLF 1998:84). Hierzu kommentiert SCHULZE (2010:41) wie folgt:

„Im Klimadiskurs etwa betrachten einige Diskursteilnehmer die Erde als reparaturbedürftige Maschine, die sie durch Geo - Engineering wieder in Ordnung bringen wollen: von allen guten Geistern verlassene Klimaklempner, die Vulkanausbrüche simulieren und Partikel in die Atmosphäre schleudern würden, um die Temperatur zu senken. Solche Feuerwehrübungen sind zwar zum gegenwärtigen Zeitpunkt chancenlos, aber es läuft auch manches darauf hinaus."

Besteht also innerhalb der Debatte um Klimaregulierung die Möglichkeit, dass unsere Betrachtungsweise der Erde als „überhitzter" Planet, oder das technokratische Abbild einer defekten Maschinerie erst den notwendigen Ausgangspunkt für solche Vorschläge bildet? Und sollten wir dann nicht konsequenterweise die Frage erweitern, ob eine solch strikte medizinische Kur bei einer grundlegend umstrittenen Krankheitsdiagnostik überhaupt verordnet werden darf?

Abbildung aus urheberrechtlichen Gründen entfernt

Abb. 20: Diagnose und Behandlung (Schulze 2010:95)

Wenn wir nun die Beschreibung präzisieren, um etwaige Nebenwirkungen zu analysieren, treten im Bereich des stratosphärischen Aerosoleintrags beispielsweise Vorschläge wie die Ausbringung von Aluminiumschnipseln oder Schwefelverbindung auf, was wiederum durch Fallouts zu erheblichen nicht gewünschte Auswirkungen für alle davon betroffenen Ökosysteme führen kann (UBA 2011:14f.).

Bei der Erfassung der Gegenargumentationen taucht nach OTT (2010:27f.) u.a. das *„Hybris"* - oder auch *„Playing - God"* Argument auf, welches besagt, dass die SRM - Technologie den Menschen in die Rolle eines Weltingenieurs bringt, die einer Art Vermessenheit oder Maßlosigkeit gleichkommt. Den Entwicklungsstand diverser Geoengineering - Maßnahmen bewertet das UBA (2011:38) als positiv, da bereits wissenschaftliche Evidenz und Erkenntnis aus Pilotprojekten vorherrschen soll und damit ein zeitnaher Einsatz realisierbar ist. So stellt auch WIERTZ (2011:1197) den Einsatz der SRM - Technik zur Albedoveränderung als erfolgsversprechend hinsichtlich des angestrebten Abkühlungseffektes dar und betont zudem die kostengünstige Beschaffung dieser. Hinzu kommt neben der Diskussion der technischen Durchführbarkeit und Risikobewertung auch noch der Aspekt einer politischen Legitimation. Hierbei tauchen nach RAYNER (2010:54) schwerwiegende Regulationsfragen auf, weil sich die Entscheidungsmuster auf die Grundlage eines planetaren Notfalls stützen.

In Anbetracht der erheblichen Risiken, welche zu irreversiblen Umweltveränderungen oder Schäden führen, muss die Erforschung und Erprobung staatlicher Kontrolle unterliegen und zudem sicher gestellt sein, das die betroffene Staaten bei Durchführung dieser Maßnahmen entsprechend konsultiert werden und unabgestimmte Aktionen rechtlich untersagt sind (UBA 2011:44). Es ergibt sich daraus die Schlussfolgerung, dass mit dem Geoengineering eine Thematik in der Klimadebatte aufgetaucht ist, welche durch ein dissentierendes Charakteristikum kennzeichnet ist. Dieses besitzt nach WIERTZ (2011:1197) das Potenzial internationale Konfliktsituationen neu zu ordnen. Deshalb sollte die anthropogene Klimamanipulation künftig weiterhin kritisch diskutiert werden. Umso frappierender ist der Aufschrei mancher Klimawissenschaftler nach einer totalitären globalen Regierungsform (STEHR 2015:13), welche einzig und allein dazu imstande sein soll, die eigens proklamierte Klimakatastrophe abzuwenden.

Wir hoffen, dass es dem Leser nach der thematischen Gesamtbetrachtung möglich ist, nachzuvollziehen, welche rasante Geschwindigkeit und Diskursrichtung die Klimadebatte mittlerweile aufgenommen hat. Ansätze wie das Geoengineering sind in diesem Kontext nur das vollendete Produkt einer zutiefst anthropozentristisch eingefärbten ökologischen - und politischen Weltanschauung. Eine Antwort auf die mehrperspektivische und allumfassende Fragestellung, welche Handlungsstrategie wir aufnehmen oder unterlassen sollten, ist nicht eindeutig zu finden. Das einzige Urteil, was auf Dauer zählt und imstande ist, unsere Handlungen einzuordnen, spricht hierbei die Nachwelt (CALDER 1997:200). Jedoch können wir uns auf der Suche nach den passenden Verhaltensweisen an allgemeinen Leitvorgaben orientieren. Eine solche Leitvorgabe soll an dieser Stelle die Tonalität der vorliegenden Ausführung einfangen und so schließen wir mit den Worten Goethes:

„Nichts ist so erschreckend, wie nicht wissen und doch handeln“ (zit. in BRENDEL 2003:31).

5 Schlussbemerkung und Ausblick

Manch Leser mag uns nach Beendigung der vorliegenden Arbeit eine kulturoptimistische Perspektive hinsichtlich der Betrachtungsweise ökologischer Problemlagen der Erde in ihrer Verflechtung mit dem gesellschaftlichen Handeln unterstellen. Dies möchten wir mittels einer kurzen Schlussbemerkung weitestgehend entkräften. Wir plädieren anhand dieser thematischen Ausarbeitung lediglich für eine rationale Betrachtungsweise propagierter Umweltlitaneien, welche einer kritischen wissenschaftlichen Überprüfung im Einzelfall unterliegen sollten. Nicht jede Umweltproblematik weist die gleiche Charakteristik auf und deshalb besteht unsere Absicht darin, eine gewisse Trennschärfe zwischen ökologischen Krisen aufzuzeigen. Einige dieser Probleme sind direkt oder indirekt an anthropogene Lebens - und Nutzungsverhältnisse gebunden und sollten schnellstmöglich durch ein verändertes anthropogenes Verhalten dezimiert werden. Wir unterstützen zudem den Einsatz von Menschen, die aktiv im Umweltschutz tätig sind und sich für die Natur einsetzen. Unsere begründete Kritik richtet sich allerdings gegen die fälschliche und unwissenschaftliche Instrumentalisierung des Umweltschutzes, wie wir es bei der Thematik des Klimawandels leider feststellen mussten. Durch eine umfassende Recherche sind wir auf zwei Grunderkenntnisse gestoßen. Zum einen, dass die Ursachenbegründung des Klimawandels keinesfalls naturwissenschaftlich abgesichert ist und zum anderen auf eine dazu rahmenverzerrende Politisierung, Medialisierung und Sozialisierung der globalen Erwärmung als die große Erzählung des Jahrhunderts. Dem ist gewiss nicht so, da wir ebenfalls am Beginn eines Jahrhunderts stehen, in welchem die Chance erkannt werden muss, unseren Nachkommen eine befriedete Welt zu hinterlassen, die durch einen Abbau an sozialen - , religiösen - und geopolitischen Konflikten gekennzeichnet ist und in welcher alle Menschen die Möglichkeit besitzen, auf einem angemessenen Wohlstandniveau zu leben. Dies ist jedoch nur realisierbar, wenn wir die Prioritäten unserer Handlungen langfristig einschätzen können und die entsprechenden Mittel hierfür mobilisieren. Das soziale Kastastrophenkonstrukt drängt uns jedoch auf der Basis von Angst zu vorschnellen Handlungen und in eine eigenverschuldete Abgabe demokratischer Freiheit und politischer Mündigkeit. Wir sind keinesfalls der Auffassung, dass die Erde krisenfrei wäre. Eine zentrale Ursache mannigfaltiger globaler Krisensymptome wurde bereits einleitend mit den Verwerfungen innerhalb eines völlig dogmatisierten und destruktiven Finanzsystems angeschnitten. Um dieses kritisch zu beleuchten, bedarf es allerdings keinen marxistischen Rundumschlag gegen die industrielle Zivilisation, sondern einer sauberen Analyse des verzinsten Schuldgeldsystems nach GESELL (1949:200ff.) und den daraus resultierende Disparitäten, sozialen Verwerfungen und ökonomische Wachstumszwänge.

6 Fazit

Das Ziel der vorliegenden Arbeit bestand darin, zu klären, ob die Vormachtstellung des Klimawandels als drohende ökologische Krise innerhalb der Gesellschaft gerechtfertigt ist. Zunächst geht aus dem ersten Abschnitt der Arbeit hervor, dass keineswegs eine eindeutige naturwissenschaftliche Grundlage vorhanden ist, welche Klimaänderungen ab dem Beginn der Temperaturaufzeichnung erklären kann. Vermutlich gehen Klimatrends aus einem Konglomerat der erläuterten Faktoren hervor. Der anthropogene Klimawandel ist damit keine bewiesene wissenschaftliche Tatsache, sondern lediglich ein hypothetisches naturwissenschaftliches Konstrukt. Die Auswirkungen einer globalen Erwärmung werden nicht in einem Weltuntergangsszenario münden und viele populäre Folgeängste sind widerlegbar. Die Risikoverteilung erfolgt heterogen in Abhängigkeit der topographischen Lage und stellt zugleich ein höheres Gefahren - und Konfliktpotential für die Entwicklungsländer des Planeten dar. Dieses Konfliktpotential ist durch verstärkte Adaptionsmaßnahmen innerhalb betroffener Regionen zu entschärfen. Eine Konstruktionserweiterung der wissenschaftlichen Hypothese erfährt der Klimawandel über Medien, Politik und die Bevölkerung. Die daraus erzeugte Klimakatastrophe ist keinesfalls wissenschaftlich haltbar, verfestigt sich jedoch durch subtile Inszenierungsmechanismen im öffentlichen Kollektivbewusstsein. Ein stimuliertes kollektives Krisenbewusstsein nährt wiederum eine Diskussion über die Legitimität drastischer gesellschaftlicher Transformationsprozesse und großtechnischer Klimamanipulationen. Die ideologische Ableitung leiblicher Erfahrungen und deren Projektion nach außen führt zu dem Glauben, das gesamte Klimasystem der Erde lasse sich an anthropogene Vorstellungen anpassen und durch menschlichen Eingriff kontrollieren. Im humangeographischen Zusammenhang ist hierbei also der Wechsel eines geodeterminierten Weltbildes zu einem anthropozentrischen Weltbild ersichtlich. Eine auffällige und wichtige Erkenntnis im Zuge der Klimadebatte erschließt sich aus der zunehmenden Politisierung und wirft die Grundsatzfrage auf, inwieweit Klimawissenschaftler dazu berechtigt sind, Forderungen nach einem totalitären Regime für die Bekämpfung der eigens konstruierten ökologischen Krise, zu verlautbaren. Die Debatte um die anthropogene Erderwärmung ist eine der bestimmenden politischen - und moralischen Themen unserer Zeit und sollte gerade deshalb weiteren kritischen Betrachtungen unterzogen - und stets ergebnisoffen untersucht werden. Eines ist jedoch sicher.
Was die Übergabe von Macht an eine Minderheit ideologischer Verführer jeglicher Couleur für die menschliche Zivilisation bereits hervorbrachte, lehrt uns die Historie.

Die Zukunft allerdings, sollten wir wieder anfangen, selbst zu bestimmen.

Literaturverzeichnis

BAURIEDL, S. (2016): Nullemission. In: BAURIEDL, S. (Hrsg.): Wörterbuch Klimadebatte. Bielefeld: transcript, 217 - 223.

BAN - WEISS, G.-A. & K. CALDEIRA (2010): Geoengineering as an optimization problem. In: Environmental Research Letters 2010, Nr. 5. <file:///C:/Users/User/Downloads/Geoengineering_as_an_optimization _problem.pdf> (Letzer Zugriff: 04.03.2017) (Stand: 2010).

BECK, U. (1986): Risikogesellschaft. Auf dem Weg in eine andere Moderne. Frankfurt am Main: Suhrkamp.

BECKER, E. (2003): Soziale Ökologie. Konturen und Konzepte einer neuen Wissenschaft. In: MATSCHONAT, G. & A. GERBER (Hrsg.):Wissenschaftstheoretische Perspektiven für die Umweltwissenschaften. Weikersheim: Margraf, 165-195.

BECKER, E., HUMMEL, D. & T. JAHN (2011): Gesellschaftliche Naturverhältnisse als Rahmenkonzept. In: GROß, M. (Hrsg.): Handbuch Umweltsoziologie. Wiesbaden: VS, 75-96.

BEDUHNI, F. & U. NIEMEIER (2016): Geo - Engineering. Untersuchung und Bewertung von Methoden zum Geoengineering, die die Zusammensetzung der Atmosphäre beeinflussen. <http://www.umweltbundesamt.de/sites/default/files/medien/378/publikationen/texte_25_2016_geo-engineering.pdf> (Letzter Zugriff: 02.03. 2017) (Stand: 2016).

BERNER, U. & H.-J. STREIF (^{2}2000): Klimafakten. Der Rückblick - Ein Schlüssel für die Zukunft. Stuttgart: Schweizerbart'sche Verlagsbuchhandlung.

BERNER, R.A. (2001): GEOCARB III: A revised model of atmospheric CO2 over Phanerozoic time. In: American Journal of Science 2001, Nr. 301, 182-204.

BETHGE, P., BLECH, J., FALKSOHN, R., HÜETLIN, T., KREMB, J., NELLS, R. & G. TRAUFETTER (2006): Wege aus der Treibhausfalle. In: DER SPIEGEL 2006, Nr. 45, 78 - 96.

BLACK, R. (2001): Environmental refugees: myth or reality? New Issues in Refugee Studies - Working Paper 34. Brighton: University of Sussex.

BORNHÖFT, P., KNAUP, H., LÖHE, F., ROSENKRANZ, G., SCHULT, C., STEINGART, G. & A. SZANDAR (2002): Wie im Krieg. In: DER SPIEGEL 2002, Nr. 34, 22 - 30.

BÖTTIGER, H. (2008): Klimawandel. Gewissheit oder politische Machenschaft? Petersberg: Imhof.

BRAND, U. (2016): Wachstum und Wohlstand. In: BAURIEDL, S. (Hrsg.): Wörterbuch Klimadebatte. Bielefeld: transcript, 289 - 295.

BRAND, U. & C. GÖRG (2016): Globales Umweltmanagement. In: BAURIEDL, S. (Hrsg.): Wörterbuch Klimadebatte. Bielefeld: transcript, 103 - 108.

BRENDEL, M. (2003): CRM für den Mittelstand. Voraussetzung und Ideen für die erfolgreiche Implementierung. Wiesbaden: Gabler.

BRODER, H.-M. (1996): Macht Liebe, Nicht Babies. In: DER SPIEGEL 2016, Nr. 48, 150 - 153.

CALDER, N. (1997): Die launische Sonne: Widerlegt Klimatheorien. Wiesbaden: Böttiger.

CHANGNON, S.-A. & D. CHANGNON (1999): Record - high losses for weather disasters in the United States during the 1990s: how excessive and why? In: Natural Haszards 1999, Nr.18, 287 - 300.

CHASE, A. (1986): Playing God in Yellowstone: The Destruction of America's First National Park. New York: Atlantic Monthly Press.

CRICHTON, M.(2008): Welt in Angst. München: Goldmann.

CRUTZEN, P.-J. (2006): Albedo enhancement by stratospheric sulfur injections. A contribution to resolve a policy dilemma? In: Climate Change 2006, Nr.77, 211-219.

DICKAU, R. & J. POHL (2007): „Hazards". Naturgefahren und Naturrisiken. In: GEBHARDT, H. et al. (Hrsg.): Geographie. Physische Geographie. Physische Geographie und Humangeographie. München: Spektrum Akademischer Verlag, 1028 - 1076.

DIETZ, K. & A. BRUNNENGRÄBER (2016): Klimaanpassung. In: BAURIEDL, S. (Hrsg.): Wörterbuch Klimadebatte. Bielefeld: transcript, 127 - 131.

DRAKE, N., NAKOTT, J. & A. STIRN (2015): Was wollen wir da? In: National Geographic 2015, Nr. 7, 36 - 86.

EILINGSFELD, H. (1989): Der sanfte Wahn. Ökologismus total. Mannheim: SUEDVG.

ENGELS, A. (2007): Ist noch Wetter oder schon Klima? - Umwelt und Wissenschaftsjournalismus. In: Netzwerk Recherche (Hrsg.): Texte und Materialien - Leitfragen und Referentenprofile zur Jahreskonferenz netzwerk recherche 15./16. Juni 2007, NDR - Konferenzzentrum Hamburg, 64 - 66. <https://netzwerkrecherche.org/files/nr-jt2007-materialien.pdf> (Letzter Zugriff: 27.02.2017) (Stand: 2007).

EREAUT, G. & S. NAT (2006): „Warm Words: How Are We Telling the Climate Story and Can We Tell It Better?" <http://www.ippr.org/files/images/media/files/publication/2011/05/warm_words_ 1529.pdf?noredirect=1> (Letzter Zugriff: 25.02.17) (Stand:2006).

FELDENKRICHEN, M.(2007): Mahnmal mit Makeln. In: DER SPIEGEL 2007, Nr. 33, 142.

FELGENTREFF, C. & M. GEIGER (2013): Einleitung. Kima und Umwelt als Determinanten räumlicher Mobilität? In: Felgentreff, C. & M. Geiger (Hrsg.): Migration und Umwelt. Osnabrück: IMIS, 7 - 17.

FELGENTREFF, C. (2016): Klimaflüchtlinge. In: BAURIEDL, S. (Hrsg.): Wörterbuch Klimadebatte. Bielefeld: transcript, 141 - 148.

FILSER, H. (2009): Die längste Reise aller Zeiten. In: GEO kompakt - Das Sonnensystem 2009, Nr. 21, 98 - 107.

FUCHS, K. & F. WENZEL (2000): Erdbeben. Instabilität von Megastädten. Eine wissenschaftlich technische Herausforderung für das 21. Jahrhundert. Berlin - Heidelberg: Springer.

GÄBLER, K. (2015): Gesellschaftlicher Klimawandel. Eine Sozialgeographie der ökologischen Transformation. Stuttgart: Franz Steiner Verlag.

GANTEFÖR, G. (2011): Klima. Der Weltuntergang findet nicht statt. Weinheim: Wiley - VCH.

GEBAUER, C. & M. DOEVENSPECK (2014): Adaptation to climate change and resettlement in Rwanda. In: Area 2014, Nr. 47, 97 - 104.

GESELL, S. (1949): Die natürliche Wirtschaftsordnung durch Freihandel und Freigeld. Lauf bei Nürnberg: Zitzmann.

HAMANN, A., ZEA - SCHMIDT, C. & R. LEINFELDER (2013): Die große Transformation: Klima - kriegen wir die Kurve? Berlin: Jacoby & Stuart.

HANSEN, J.-E., SATO, M., LACIS, A., RUEDY, R., TENGEN, I. & E. MATTHEWS (1998): Climate Forcings in the Industrial Era. In: Proceedings oft he National Academy of Sciences 1998, Nr. 95, 12753 - 12758.

HOUGHTON, J. (1995): „Me and my God" - Interview with John Hougton. In: Sunday Telegraph 1995.

IPCC (INTERNGOVERNMENTAL PANEL ON CLIMATE CHANGE) (Hrsg.) (1996): Climate Change 1995 - The Science of Climate Change. Report of IPCC Working Group I. Cambridge: Cambridge University Press.

IPCC (INTERNGOVERNMENTAL PANEL ON CLIMATE CHANGE) (Hrsg.) (2001a): Climate Change 2001: The Scientific Basis. Contribution of Working Group I to the Third Assessment Report of the Intergovernmental Panel on Climate Change [Houghton, J.-T., Ding, T., Griggs, D.-J., Noguer, M., van der Linden, P.-J., Dai, X., Maskell, K. & C.-A. Johnson (eds.)]. Cambridge: Cambridge University Press.

IPCC (INTERNGOVERNMENTAL PANEL ON CLIMATE CHANGE) (Hrsg.) (2001b): Climate Change 2001: Working Group II: Impacts, Adaptation and Vulnerability. Contribution of Working Group II to the Third Assessment Report of the Intergovernmental Panel on Climate Change [McCarthy, J.-J., Canziani, O.-F., Leary, N.-A., Dokken, D.-J. & K.-S. White (eds.)]. Cambridge: Cambridge University Press.

IPCC (INTERNGOVERNMENTAL PANEL ON CLIMATE CHANGE) (Hrsg.) (2007): Climate Change 2007: The Physical Science Basis. Contribution of Working Group I to the Fourth Assessment Report of the Intergovernmental Panel on Climate Change [Solomon, S., Qin, D., Manning, M., Chen, Z., Marquis, M., Averyt, K.-B., Tignor, M. & H.-L. Miller (eds.)]. Cambridge: Cambridge University Press.

IPCC (INTERNGOVERNMENTAL PANEL ON CLIMATE CHANGE) (Hrsg.) (2014) : Klimaänderung 2014: Synthesebericht. Beitrag der Arbeitsgruppen I, II und III zum Fünften Sachstandsbericht des Zwischenstaatlichen Ausschusses für Klimaänderungen (IPCC) [PACHAURI, R.-K. & L.-A. MEYER (Hrsg.)]. IPCC, Bonn: Deutsche IPCC-Koordinierungsstelle.

JANICH, O. (2012): Das Kapitalismus - Komplott. Die geheimen Zirkel der Macht und ihre Methoden. München: FBV.

KLAUS, V. (2007): Blauer Planet in grünen Fesseln. Was ist bedroht: Klima oder Freiheit? Wien: Gerlod.

LAWRENCE, E.-J. (1991): Gaia, the Growth of an Idea. New York: St. Martin's Press.

LAFRAMBOISE, D. (2012): Von einem Jugendstraftäter, der mit dem besten Klimaexperten der Welt verwechselt wurde: Ein IPCC-Exposé. Jena: TvR.

LATIF, M. (2009): Klimawandel und Klimadynamik. Stuttgart: Ulmer.

LEBON, G. ([14]2016): Psychologie der Massen. Hamburg: Nikol.

LECKEBUSCH (1999): Meterologische Interpretation von Depositionen in polaren Eisbohrkernen mit Hilfe von Paläosimulationen des Klimamodells ECHAM3. Doktorarbeit am Institut für Geophysik und Mereologie der Universität zu Köln. Köln: Universität Köln.

LESCH, H. & K. KAMPHAUSEN (2016): Die Menschheit schafft sich ab - Die Erde im Griff des Anthropozän. Grünwald: Komplett - Media.

LEWIS, M. (2010): The Big Short. Wie eine Handvoll Trader die Welt verzockte. Frankfurt am Main: Campus.

LIMBURG, M. & F. MÜLLER (2015): Strom ist nicht gleich Strom. Warum die Energiewende nicht gelingen kann. Jena: TvR.

LOMBORG, B (2002): Apocalypse No! Wie sich die menschlichen Lebensgrundlagen wirklich entwickeln. Lüneburg: zu Klampen.

LOMBORG, B. (2008[2]): Cool It! Warum wir trotz Klimawandels einen kühlen Kopf bewahren sollten. München: DVA.

LOVELOCK, J.-E. (1979): A new look at life on earth. New York: Oxford University Press.

LOVELOCK, J.-E. (1988): The Ages of Gaia. New York: Oxford University Press.

LUDWIG, K.-H. (2006): Eine kurze Geschichte des Klimas. Von der Entstehung der Erde bis heute. München: C.H. Beck.

LÜDECKE, H.-J. (2008): CO_2 und Klimaschutz. Fakten, Irrtümer, Politik. Bonn: Bouvier.

LÜDECKE, H.-J. (2016): 9 Fragen zum „Klimaschutz“. Jena: TvR.

LUHMANN, N. (1995): Die Realität der Massenmedien. Opladen: Westdeutscher Verlag.

MADURO, R.-A. & R. SCHAUERHAMMER ([2]1992): Ozonloch, das missbrauchte Naturwunder. Wiesbaden: Böttiger.

MAUSER, W. (2011): Grenzen des Wachstums im globalen Wandel. In: GEBHARDT, H., GLASER, R., RADTKE, U. & P. REUBER (Hrsg.): Geographie. Physische Geographie und Humangeographie. Heidelberg: Spektrum Akademischer Verlag.

MATTISEK, A. & T. WIERTZ (2011): Klimawandel und Geopolitik. In: GEBHARDT, H., GLASER, R., RADTKE, U. & P. REUBER (Hrsg.): Geographie. Physische Geographie und Humangeographie. Heidelberg: Spektrum Akademischer Verlag, 1229 - 1233.

MAXEINER, D. & M. MIERSCH (2014): Alles Grün und gut? Eine Bilanz des ökologischen Denkens. München: Knaus.

MERKEL, W.-W. (2007): Mächtiges Eismeer auf dem Mars entdeckt. <https://www.welt.de/wissenschaft/article762975/Maechtiges-Eismeer-auf-dem-Mars-entdeckt.html> (Letzter Zugriff: 22.02.2017) (Stand: 2007).

MÜLLER - MAHN, D. (2010): Beobachtungen zum Klimadiskurs: Neues Weltrisiko oder alter Geodeterminismus ? In: EGNER, H., POTT, A. (Hrsg.): Geographische Risikoforschung. Zur Konstruktion verräumlichter Risiken und Sicherheiten. Stuttgart: Franz Steiner Verlag, 95 - 113.

NICHOLSON, C.-T.-M. (2014): Climate Change and the politics of causal reasonning: the case of climate change and migration. In: The Geographical Journal 2014, Nr. 180, 151 - 160.

OTT, K. (2010): Kartierung der Argumente zum Geoenginieering. In: ALTNER, G., LEITSCHUH, H., MICHELSEN, G., SIMONIS, U.- E. & E.-U. VON WEIZÄCKER (Hrsg.): Die Klima - Manipulateure. Rettet uns Politik oder Geo - Engineering? Stuttgart: S. Hirzel, 20 - 32.

PACK, L. & P. PACK ([5]2011): Namibia. Köln: DuMont.

PACK, L. & P. PACK (2012): Stefan Loose Reiseführer Namibia: mit Safari - Guide. Köln: DuMont.

PETIT, J.R., JOUZEL,J., RAYNAUD,D., BARKOV,N.I., BARNOLA, J.-M., BASILE, I. BENDER, M., CHAPPELLAZ, J., DAVIS, M., DELAYGUE, G., DELMOTTE, M., KOTLYAKOV, V.M., LEGRAND, M., LIPENKOV, V.Y., LORIUS, C., PEPIN, L., RITZ, C., SALTZMAN, E. & M. STIEVENARD (1999): Climate and atmospheric history of the past 420,000 years from the Vostok ice core, Antarctica. In: Nature 1999, 399, 429 - 436.

POST, S. (2008): Klimakatastrophe oder Katastrophenklima? Die Berichterstattung über den Klimawandel aus Sicht der Forscher. München: Verlag Reinhard Fischer.

POSTMANN, N. (1997): Wir amüsieren uns zu Tode. Urteilsbildung im Zeitalter der Unterhaltungsindustrie. Frankfurt am Main: S. Fischer.

RAYNER, S. (2010): Geoengineering Governance - Regulierung der Klimamanipulation. In: ALTNER, G., LEITSCHUH, H., MICHELSEN, G., SIMONIS, U.- E. & E.-U. VON WEIZÄCKER (Hrsg.): Die Klima - Manipulateure. Rettet uns Politik oder Geo - Engineering? Stuttgart: S. Hirzel, 51 - 64.

REICHHOLF, J.-H. (1998): Der blaue Planet. Einführung in die Ökologie. München: dtv.

REICHHOLF, J. - H. (2011) : Klimahysterie. Zürich: Vontobel - Stiftung.

REITER, P., THOMAS, J.- C., ATKINSON, P.-M., HAY, S.-I., RANDOLPH, S.-E., ROGERS, D.-J., SHANKS, G.-D., SNOW, R.-W., SPIELMANN, A. (2004): Global Warming and Malaria: A Call for Accuracy. In: Lancet 4 2004, Nr.1, 323 - 324.

REY, L. (1995): Umwelt im Spiegel der öffentlichen Grenzlinien innerschweizerischer Uneinigkeit. Zürich: Seismo.

RICKELS, W., KLEPPER, G., DOVERN, J., BETZ, G., BRACHATZEK, N., CACEAN, S., GÜSSOW, K., HEINTZENBERG, J., HILLER, S., HOOSE, C., LEISNER, T., OSCHLIES, A., PLATT, U., PROELß, A., RENN, O., SCHÄFER, S. & M. ZÜRN (2011): Gezielte Eingriffe in das Klima? Eine Bestandsaufnahme der Debatte zu Climate Engineering. Sondierungsstudie für das Bundesministerium für Bildung und Forschung. <file:///C:/Users/User/Downloads/CE_gesamtstudie%20(2).pdf> (Letzter Zugriff: 25.02.17) (Stand: 2011).

SCHELLNHUBER, H.-J. & S. RAHMSTORF ([4]2007): Der Klimawandel. München: C.H. Beck.

SCHMUNDT, H. (2009): „Ground Zero“ ergrünt. In: DER SPIEGEL 2009, Nr.17, 136 - 138.

Schönwiese, C.-D. (^{3}2008): Klimatologie. Stuttgart: Ulmer.

Schultz, L. (1993): Planetologie. Eine Einführung. Basel - Boston - Berlin: Birkhäuser.

Schulze, G. (2010): Krisen. Zürich: Vontobel - Stiftung.

Schulze, G. (2011): Krisen. Frankfurt am Main: S. Fischer.

Stampf, O. & G. Traufetter (2007): Wir sind Kinder der Tropen. In: DER SPIEGEL 2007, Nr. 19, 156 - 157.

Stehr, N. & H. von Storch (2010): Klima, Wetter, Mensch. Opladen - Farmington Hills: Verlag Babara Budrich.

Stehr, N. (2015): Prima Klima ohne Demokratie. In: FAZ 2015, Nr. 279, 13.

Svensmark, H. & E.-F. Christensen (1997): Variation of cosmic ray flux and global cloud coverage - a missing link in solar - climate relationships. In: Journal of Atmospheric and Solar - Terrestrial Physics 1997, Nr. 59, 1225 - 1232.

Svensmark, H. & N. Calder (2008): Sterne steuern unser Klima. Eine neue Theorie zur Erderwärmung. Düsseldorf: Patmos.

Swyngedouw, E. (2010): Apocalypse Forever? Post - Political Populism and the Spectre of Climate Change. In: Theory, Culture and Society 2010, Nr. 24, 213- 232.

UBA (Umweltbundesamt) (Hrsg.) (2011): Geo - Engineering. Wirksamer Klimaschutz oder Größenwahn? <http://www.umweltbundesamt.de/sites/default/files/medien/publikation/long/4125.pdf> (Letzter Zugriff: 02.03.2017) (Stand: 2011).

Watson, J.-B. (1930): Der Behaviorismus. Stuttgart: DVA.

WBGU (Wissenschaftlicher Beirat Globale Umweltveränderungen) (Hrsg.) (2011): Welt im Wandel. Gesellschaftsvertrag für eine große Transformation. Berlin: WBGU.

Weingart, P., Engels, A. & P. Pansegrau (2002): Von der Hypothese zur Katastrophe. Der anthropogene Klimawandel im Diskurs zwischen Wissenschaft, Politik und Massenmedien. Opladen: Leske + Budrich.

Welzer, H. (2008): Klimakriege: Wofür im 21. Jahrhundert getötet wird. Bonn: Bundeszentrale für politische Bildung.

Wendt, A. (2014): Der grüne Blackout. Warum die Energiewende nicht funktionieren kann. München: edition blueprint.

Wiertz, T. (2011): Climate Engineering: Lässt sich das Klima kontrollieren? In: GEBHARDT, H. et al. (Hrsg.): Geographie. Physische Geographie. Physische Geographie und Humangeographie. München: Spektrum Akademischer Verlag, 1196 - 1198.

Wiertz, T. (2016): Geoengineering. In: Bauriedl, S. (Hrsg.): Wörterbuch Klimadebatte. Bielefeld: transcript, 87 - 93.

Winkler, H. (2008): Basiswissen Medien. Frankfurt am Main: S. Fischer.

ZACHOS,J., PAGANI, M., SLOAN, L., THOMAS, E., BILLUPS, K. (2001): Trends, Rhythms, and Aberrations in Global Climate 65 Ms to President. In: Science, 2001, Nr. 292, 686 - 693.